走进物理世界丛书

无所不在的磁场

本书编写组◎编

ZOUJIN WULI SHIJIE
CONGSHU

WUSUOBUZAI DE CICHANG

这是一本以物理知识为题材的科普读物，内容新颖独特、描述精彩，以图文并茂的形式展现给读者，以激发他们学习物理的兴趣和愿望。

世界图书出版公司

广州·北京·上海·西安

图书在版编目（CIP）数据

无所不在的磁场／《无所不在的磁场》编写组编
. —广州：广东世界图书出版公司，2010.4（2024.2 重印）
ISBN 978－7－5100－2005－6

Ⅰ. ①无… Ⅱ. ①无… Ⅲ. ①磁场－青少年读物
Ⅳ. ①O441.4－49

中国版本图书馆 CIP 数据核字（2010）第 049878 号

书　　名	无所不在的磁场	
	WUSUOBUZAI DE CICHANG	
编　　者	《无所不在的磁场》编写组	
责任编辑	李翠英	
装帧设计	三棵树设计工作组	
出版发行	世界图书出版有限公司　世界图书出版广东有限公司	
地　　址	广州市海珠区新港西路大江冲 25 号	
邮　　编	510300	
电　　话	020-84452179	
网　　址	http://www.gdst.com.cn	
邮　　箱	wpc_gdst@163.com	
经　　销	新华书店	
印　　刷	唐山富达印务有限公司	
开　　本	787mm×1092mm　1/16	
印　　张	10	
字　　数	120 千字	
版　　次	2010 年 4 月第 1 版　2024 年 2 月第 12 次印刷	
国际书号	ISBN　978-7-5100-2005-6	
定　　价	48.00 元	

前　言
PREFACE

　　人们很早就接触到场现象，并知道磁棒有南北两极。先秦时代我们的先人已经积累了许多这方面的认识，在探寻铁矿时常会遇到磁铁矿。虽然先人并不知道地球是个大磁体，有南北极之分，但是这并不妨碍他们利用磁来为自己服务，所以我们的先民制造出司南、指南鱼、指南针。指南针被应用于航海的典型是郑和下西洋。指南针通过阿拉伯人传入欧洲后促进了欧洲航海技术的发展，为新航路的开辟提供了帮助。

　　磁场是一种看不见，而又摸不着的特殊物质，它具有波粒的辐射特性。磁体周围存在磁场，磁体间的相互作用就是以磁场作为媒介的。电流、运动电荷、磁体或变化电场周围空间都存在一种特殊形态的物质。由于磁体的磁性来源于电流，电流是电荷的运动，因而概括地说，磁场是由运动电荷或电场的变化而产生的。

　　人们对磁的认识和研究晚于对电流的认识和研究，18世纪末发现电荷能够流动，这就是电流。但长期没有发现电和磁之间的联系。一直到19世纪前期，奥斯特发现电流可以使小磁针偏转，而后安培发现作用力的方向和电流的方向，不久之后，法拉第又发现，当磁棒插入导线圈时，导线圈中就产生电流。这些实验表明，在电和磁之间存在着密切的联系。电和磁之间的联系被发现以后，人们认识到电磁力的性质在一些方面同万有引力相似，另一些方面却又有差别。为此法拉第引进了力线的概念，认为电流产生围绕着导线的磁力线，电荷向各个方向产生电力线，并在此基础上产生了电磁场的概念。

　　现在人们认识到，电磁场是物质存在的一种特殊形式。电荷在其周围产生电场，这个电场又以力作用于其他电荷。磁体和电流在其周围产生磁场，而这个磁场又以力作用于其他磁体和内部有电流的物体。电磁场也具有能量和动量，是传递电磁力的媒介，它弥漫于整个空间。从人们发现电与磁的关系那一刻，利用电磁的各种发明便开始渗透到生活中的每个角落。到现在，我们的生活每时每刻都和磁有关，发明了不计其数的电磁仪器，像电话、无线电、发电机、电动机等。如今，磁技术已经渗透到了我们的日常生活和工农业技术的各个方面，我们已经越来越离不开磁性材料。

《无所不在的磁场》是一本介绍各种磁场和电磁知识的科普书籍，书中用语浅显易懂，内容上突出了趣味性和科普性，图文并茂，更有助于引导广大青少年朋友爱上电磁科学，研究和发现新的科学知识。

目 录

Contents

电磁波一家

有磁性的地球

生物磁探秘

磁的广泛应用

认识磁场与电磁

RENSHI CICHANG YU DIANCI

什么是磁性？简单说来，磁性是物质放在不均匀的磁场中会受到磁力的作用。在相同的不均匀磁场中，由单位质量的物质所受到的磁力方向和强度，来确定物质磁性的强弱。因为任何物质都具有磁性，所以任何物质在不均匀磁场中都会受到磁力的作用。中国是世界上最早发现磁现象的国家，早在战国末年就有磁铁的记载，中国古代的四大发明之一的指南针就是其中之一，指南针的发明为世界的航海业做出了巨大的贡献。曰于物质的磁性既看不到，也摸不着，我们无法通过自己的五种感官（听觉、视觉、味觉、嗅觉、触觉）直接体会磁性的存在，但人们还是在实践中逐步揭开了其神秘面纱。如今，我们的生活每时每刻都和磁性有关。没有它，我们就无法看电视、听收音机、打电话；没有它，连夜晚甚至都是一片漆黑。

从磁极开始认识磁

当人们已经能够随心所欲地用天然磁石制成各式各样的指南器具，并且也能够通过磁化的方法，把铁制品做成各种形状的磁针和磁铁时，人们开始

小磁针

蹄形磁体

条形磁体

各种形状的磁体

对磁的性质、特点和规律进行初步探索。虽然我国古代有关磁的资料相当丰富，但在对磁现象本质的研究方面，西方是走在我们前面的。

首先，人们发现，把一个磁铁放入一堆细小的铁钉中，当把它再拿出来时，磁铁的两端吸附了很多铁钉，而磁铁的中间部分则几乎没有吸附什么铁钉。这就是说，一块磁铁的两端磁性最强，而在磁铁的中间部分几乎没有磁性。

磁铁两端磁性最强的区域称为磁极。当把一个磁铁自由地悬挂起来时，它会自动地指向南北方向。指向北方的一极叫做北极，用字母 N 表示；指向南方的一极叫做南极，用字母 S 表示。

其次，当用磁铁的北极靠近另一悬挂着的磁铁的南极时，那个磁铁会被吸引过来；用磁铁的北极去靠近那悬挂着的磁铁的北极时，那磁铁则会被推开。若再拿磁铁的南极去分别靠近悬挂着的磁铁的南极和北极，看到的现象恰恰和上述情况相反，即南极被推开，而北极却被吸引过去。这个实验表明了磁铁（包括天然的磁石）还具有另外一种重要性质，那就是任何磁体的磁极与磁极之间存在着相互作用力，而且是同名磁极相排斥，异名磁极相吸引。

不管是排斥力，还是吸引力，这种磁极之间的相互作用力统称为磁力。

对自然界的每一步探索都丰富了人类知识的宝库，给人

沾满铁屑的磁铁

们带来鼓舞和新的好奇心。1600 年，英国女王的医生吉尔伯特的著作《论磁铁、磁性物体和大磁铁》一书出版了。书中介绍了作者用磁铁所做的大量实验的结果。他不仅发现了磁体的磁极，而且毫不吝惜地将制作得很好的磁体一折两段，又用磁铁对那两段磁体分别重复了上述实验。实验的结果大大出乎当时人们的意料——每

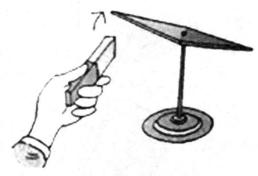

同名磁极相互排斥

一段磁体仍像一个完整的磁体一样，照样都有自己的南极和北极；而且无论再折成几段，其中任何一段都仍然自成一个新的完整的磁体。由此他第一个确信两个磁极不可分开这一绝妙的事实。磁体的南、北两极的"友情"竟是这样地牢固，以致始终不可分离，简直就像是一对"双胞胎"，它们一同降临人世，同命相依。

当然，仅仅知道任何磁体都有磁极，而且磁极之间存在着相互作用力，那还是很不够的。科学需要准确。人们在了解到磁力具有排斥和吸引这两种明显的不同性质之后，自然想要进一步知道，磁极之间的磁力究竟有多大？

然而，在科学发展的道路上，几乎没有一帆风顺的事情。相反，困难倒是经常的伴侣。由于每一个磁体都具有两个不同的磁极，因此在研究一个磁体的某一磁极与另一磁体的一个磁极之间的相互作用时，就无法排除其余两个磁极的影响。怎样克服这一困难

异名磁极相互吸引

卡文迪许

呢？直至 18 世纪中叶，法国物理学家库仑和英国物理学家卡文迪许才各自独立地想出了一个聪明的办法。为了尽可能地减少其余两个"讨厌"的磁极的影响，他们制作了很细很长的磁体，开始了他们的实验。

由于他们使用的磁体既细又长，在研究两个磁体的磁极之间的相互作用时，只要所研究的那两个磁极之间的距离相当近，那么其他两个磁极就离它们很远了，产生的影响自然也就微不足道了。

库仑和卡文迪许的这个办法，实在是一个没有办法的办法。他们不能够改变自然界的"安排"，也不能"抛弃"那"双胞胎"中的某一个。他们的聪明恰恰在于并不去做那些根本不可能做到的事，而是在自然界允许的范围内，巧妙地进行设计，去达到自己的理想。

库仑和卡文迪许的办法的另一妙处是：考虑到细长磁体的磁极比较小，因而磁性非常集中，所以可以把它看成是具有磁性的几何点，习惯上叫做点磁极。这样，最明显的好处是磁极的位置和磁极之间的距离易于明确地表示和量度，正像一粒细砂的位置比一堆砖石的位置更容易说得准确，两个石子之间的距离比两座山的距离更容易度量一样。

显然，不同磁体的磁极的磁性强弱程度一般说来是不相同的。他们把磁极磁性的强弱程度简称为磁极强度，并用字母 m 表示。当库仑和卡文迪许对具有各种不同的磁极强度的磁极之间的相互作用力做了大量的实验研究之后，磁力的规律终于找到了：两个磁极之间的磁力（不管是引力或斥力）的大小，跟它们的磁极强度的乘积成正比，跟它们之间距离的平方成反比，力的方向在这两个磁极的连线上。这就是著名的磁现象的库仑定律。

看不见的磁场和磁力线

　　磁场是一种看不见，而又摸不着的特殊物质。磁体周围存在磁场，磁体间的相互作用就是以磁场作为媒介的。我们把条形磁体悬挂起来，指南的是南极，指北的是北极。拿小磁针靠近条形磁铁的一端，与小磁针北极相吸的是南极，另一端是北极。

　　那么，我们把小磁针放到磁体周围将会是什么样？小磁针不再指南北，而是指不同的方向。在物理学中，把小磁针静止时北极所指的方向定为那点磁场的方向。当我们在磁场中放入许多小磁针时，它们的分布情况和北极所指的方向就可以形象直观地显示出磁场的分布情况。

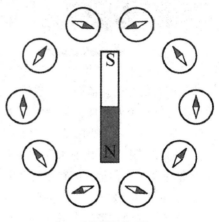

条形磁体周围的磁场

　　如果我们用铁屑代替小磁针，在一块玻璃板上均匀地撒一些铁屑，然后把玻璃板放在条形磁体和蹄形磁体上，轻敲玻璃板，观察铁屑的分布。我们会看到铁屑在磁场的作用下转动，最后有规则地排列成一条条曲线。

　　铁屑的分布情况可以显示磁场的分布情况。因此，我们可以仿照铁屑的分布情况，在磁体的周围画一些曲线，用来方便、形象地描述磁场的情况。科学家把这样的曲线叫做磁力线。

　　磁力线又叫磁感线，磁力线是闭合曲线。规定小磁针的北极所指的方向为磁力线的方向。磁铁周围的磁力线都是从 N 极出来进入 S 极，在磁体内部磁力线从 S 极到 N 极。磁感线只是帮助我们描述磁场，是假想的，实际并不存在。

　　磁力线是用来形象地描述磁场状态的一种工具，磁力线和描述电场情况的电力线非常相似，以力线上某一点的切线方向表示该点的磁场强度的方向，以力线的疏密程度表示磁场的强度。

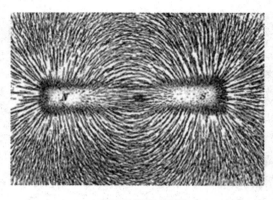

条形磁体的磁力线

磁力线的概念是英国科学家法拉第在 1831 年提出的，他引入磁力线是用来描述磁作用的。在研究磁体吸引铁类物质的现象时，法拉第认为，磁体是一块非同寻常的物质，它向四面八方伸出许多无形的"触须"，直到空间的各个角落。正是靠着这些"触须"——法拉第把它们称为磁力线，磁体才能把铁类物质"拉"向自己身边。依照这一想法，法拉第画出了磁体在各种情况下的"触须"，这就是今天在任何物理学课本中都能见到的磁力线图。磁力大的地方"触须"密集；磁力小的地方"触须"稀疏。

当然，法拉第并没有天真地认为这些"触须"是真有其物，他只不过是企图形象而又明白地去解释实实在在的磁力作用。

然而重要的是，一个深刻而卓越的物理思想和与之相应的物理学概念——场，在法拉第这项艰苦的工作中诞生了。法拉第提出：在磁体周围充满着疏密不均，而且弯曲程度各异的"触须"的空间，存在着"场"，并取名为"磁场"。空间中某点磁场的强弱，叫磁场强度，可用磁力线在该点附近的疏密程度来表示，并且规定，垂直穿过场中某一面积的磁力线的总数叫做该面积的磁通量。

法拉第在磁力线的启示下，提出了场是真实的物理存在，场的作用不是突然发生的"超距作用"，而是经过磁力线逐步传

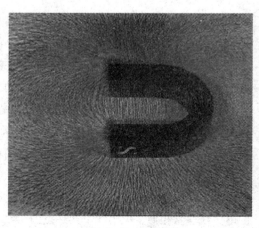

蹄形磁体的磁力线

递的。这些概念对电磁场理论的发展有着重大推动作用。

现在人们了解到，磁场、电场都是一种特殊形态的物质，并不需要力线的解释。这些解释必然受到机械观念的限制。但是用磁力线（包括电力线）作为场的一种模型，使比较抽象的场得到形象的直观表示，不仅历史上起过很好的作用，而且现在仍然为人们所沿用。

反铁磁性

反铁磁性，即在没有外加磁场的情况下，物质中相邻的完全相同的原子或离子的磁矩由于其相互作用而处于相互抵消的排列状态，致使合磁矩为零，而施加一个磁场时就改变一些磁矩的方向，致使在物质中的合磁矩随磁场强度的增大而增大到某一极限值的现象。这种材料当加上磁场后其磁矩倾向于沿磁场方向排列，即材料显示出小的正磁化率。但该磁化率与温度相关，并在奈尔点有最大值。根据主要磁现象用反铁磁性物质制成的材料，称为反铁磁材料。

找不到的磁单极子

一条磁铁总是同时拥有南极和北极，即便你将它摔成两半，新形成的两块磁铁又会立刻分别出现南极和北极。这种现象一直持续到亚原子水平。看上去，南极和北极似乎永远不分家。是这样吗？很多物理学家对这一点相当怀疑。

英国物理学家狄拉克是首先预言存在磁单极子的物理学家。他在创立著名的狄拉克方程后，于1930年首先预言了正电子的存在。两年之后正电子就被 C. D. 安德森在实验中发现。基于他的方程，狄拉克还预言了另外两种基本粒子——只有南极或只有北极的磁单极子。

这是两种虚无缥缈的粒子，因为它们完全来自于纸上计算，而正电子在被预言之前至少人们已经知道了电子的存在。但是，既然电荷能够被分为独

狄拉克

立的正负，那么，磁似乎也应该能被独立出南极和北极。对于物理学家来说，这才是"对称"的。

后来，在 20 世纪 80 年代，物理学家在试图将弱电相互作用和强电相互作用统一在一起，以便最终能完成所谓"大统一理论"时，某些理论也预言了磁单极子的存在。

物理学家们在研究磁单极子的过程中发生过许多出人意料的故事。

20 世纪 70 年代，美国物理学家阿兰·古斯在康奈尔大学做博士后期间，与合作者研究宇宙早期磁单极子的产生。这个研究没有让他在磁单极子方面做出突破，却让他对宇宙学做出了一个重要贡献。

1979 年 12 月 7 日，已经到了斯坦福线性加速器中心工作的古斯在他的草稿纸上写下了"惊人的领悟"。前一天晚上的计算让他相信，从当时的粒子物理和宇宙学假设推导出去，早期宇宙中会产生过量的磁单极子。解决这个矛盾的办法是，宇宙早期经历了"暴涨"阶段。古斯成为暴涨理论的创始人。

同样是在 70 年代，美国斯坦福大学的物理学家布拉斯·卡布雷拉用电线建造了一个仪器，来探测宇宙射线中的磁单极子。假如有磁单极子从仪器中通过，仪器就会得到一个 8 磁子（磁子是一个常数）的信号。他确实得到了一些信号，但都是一两磁子而已，从来没有超过 3 磁子。1982 年的情人节，卡布雷拉没有到实验室工作。而当他再次回到办公室的时候，惊讶地发现仪器恰恰在情人节这天记录到了一个 8 磁子的信号。此后，卡布雷拉建造了更为大型的探测器，想要寻找更多这样的信号，却再也没有找到。著名物理学家史蒂芬·温伯格在 1983 年的情人节还专门写了一首诗送给卡布雷拉："玫瑰是红色的，紫罗兰是蓝色的，是时候找到单极子了，第二个！"可是直到今天，并没有人再次找到过磁单极子。卡布雷拉当年的发现也因此令人生疑。物理学家们尝试过在月面物质样本中寻找，也尝试过在粒子加速器的碰撞实验中寻找，但都一无所获。

2009 年 9 月 4 日出版的《科学》杂志上，德国亥姆霍兹联合会研究中心的研究人员报告他们在一种特殊的晶体中观察到了"磁单极子"的存在。并介绍了这些磁单极子在一种实际材料中出现的过程。它标志着人们首次在三维角度观察到了磁单极子的分离。

但他们的"磁单极子"与狄拉克预言的磁单极子仍有天壤之别。科学家什么时候能找到真正的磁单极子，乃至真正的磁单极子是否存在，仍然都是问号。

认识永磁体

能够长期保持其磁性的磁体称永磁体。如天然的磁石（磁铁矿）和人造磁钢（铁镍钴磁钢）等。永磁体是硬磁体，不易失磁，也不易被磁化。而作为导磁体和电磁铁的材料大都是软磁体。永磁体极性不会变化，而软磁体极性是随所加磁场极性而变的。

永磁体有天然磁体、人造磁体两种。天然磁体是直接从自然界得到的磁性矿石。人造磁体通常是用钢或某些合金，通过磁化、充磁制成的。永磁体是能够长期保持磁性的磁体。永磁体可以制成各种形状，常见的有条形磁铁、针形磁铁和马蹄形磁铁。

就像你平时见到的那种带有磁性钢棒，永磁体是在外加磁场去掉后，仍能保留一定剩余磁化强度的物体。要使这样的物体剩余磁化强度为零，磁性完全消除，必须加反向磁场。使铁磁质完全退磁所需要的反向磁汤的大小，叫铁磁质的矫顽力。钢与铁都是铁磁质，但它们的矫顽力不同，钢具有较大的矫顽力，而铁的矫顽力较小。

这是因为在炼钢过程中，在铁中加了碳、钨、铬等元素，炼成了碳钢、钨钢、铬钢等。碳、钨、铬等元素的加入，使钢在常温条件下，内部存在各种不均匀性，如晶体结构的不均匀、内应力的不均匀、磁性强弱的不均匀等。这些物理性质的不均匀，都使钢的矫顽力增加。而且在一定范围内不均匀程度愈大，矫顽力愈大。但这些不均匀性并不是钢在任何情形下都具有的或已达到的最好状态。为使钢的内部不均匀性达到最佳状态，必须要进行恰当的热处理或机械加工。例如，碳钢在熔炼状态下，磁性和普通铁差不多；它在高温淬炼后，不均匀才迅速增长，才能成为永磁材料。若把钢从高温度慢慢冷却下来，或把已淬炼的钢在六七百摄氏度熔炼一下，其内部原子有充分时间排列成一种稳定的结构，各种不均匀性减小，于是矫顽力就随之减小，它就不再成为永磁材料了。

钕铁硼永磁体

钢或其他材料能成为永磁体，就是因为它们经过恰当地处理、加工后，内部存在的不均匀性处于最佳状态，矫顽力最大。铁的晶体结构、内应力等不均匀性很小，矫顽力自然很小，使它磁化或去磁都不需要很强的磁场，因此，它就不能变成永磁体。通常把磁化和去磁都很容易的材料，称为"软"磁性材料。"软"磁性材料不能作永磁体，铁就属于这种材料。

永磁铁用处很多，如在各种电表、扬声器、耳机、录音机、永磁发电机等设备中都需要永磁体。

值得注意的是，永磁体并不是"永远保持磁性"的意思。永磁体的磁性是由内部极其微小的磁畴总体排列有序带来的。只要破坏这个有序性，磁性就会部分或者全部消失。比如摔打或者高温都可以使永磁体的磁性消失。

磁强计

磁强计——矢量型磁敏感器，用于测定地磁场的大小与方向，即测定航天器所在处地磁场强度矢量在本体系中的分量，是测量磁感应强度的仪器。

根据小磁针在磁场作用下能产生偏转或振动的原理制成。而从电磁感应定律可以推出，对于给定的电阻 R 的闭合回路来说，只要测出流过此回路的电荷 q，就可以知道此回路内磁通量的变化。这也就是磁强计的设计原理，用途之一是用来探测地磁场的变化。

物质的磁化

磁化现象在生活中较为常见，例如机械表放在强磁场处一段时间，手表就走时不准了；电工用的螺丝刀碰一下螺丝钉，螺丝钉就吸了起来等。那么磁化到底是怎么一回事？

磁化是使原来没有磁性的物体获得磁性的过程。不是所有的物体都会被磁化，例如磁铁不能吸引铜、铝、玻璃等，说明了这些物体不能被磁化。凡是可以磁化的物质，都有磁分子构成，未被磁化前，这些磁分子杂乱地排列，磁作用相互抵消，对外不显磁性。当受到外界磁场磁力的作用时，它们会排列整齐。在中间的磁分子间磁作用虽被抵消，但在两端则显示了较强的磁作用，出现了所谓磁性最强的磁极，但如果磁化后被敲打或火烤排列会重新无序，磁性又将消失。例如电饭锅中的温度达到 103℃ 左右，磁钢的磁性自动消失。

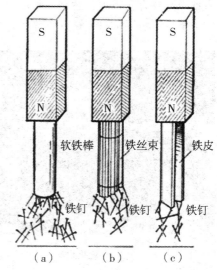

软铁棒的磁化和去磁

我们可以做一个简单的实验。找一个 3~4 寸（1 寸≈3.33 厘米）长的铁钉，把它放在火上烧红，再把它捂在沙里慢慢冷却，这叫退火。待铁钉凉透之后，把它靠近大头针，它对大头钉没有一点儿磁力。然后，你左手拿着铁钉，一头对准北方，另一头对准南方，右手拿起木块，在钉头上敲打 7~8 下。你再把铁钉放进大头针盒里，它就能吸起一些大头针了。这说明，就这么敲打几下，铁钉磁化成磁铁了，虽然它的磁力不大。如果把它靠东西方向放好，再敲几下，它的磁力又会消失。原来铁钉没磁化前，它内部的许多小磁体，杂乱无章，磁力相互抵消，所以没磁力。当你把铁钉朝南北方向放好，敲打它，内部的小磁体受振，在地磁的作用下，就会规矩地排列起来，铁钉就有磁性了。当你把铁钉朝东西方向放好，再敲打时，铁钉内部的小磁体又会变得乱七八糟，所以铁钉没有磁性了。

我国古代对磁化现象就有一定的研究利用。前面曾经讲过，早在 11 世纪，曾公亮在《武经总要》一书中，就有了关于指南鱼的人工磁化方法，这是世界上人工磁化方法的最早实践。

这种人工磁化方法，是利用地球磁场使铁片磁化，即把烧红的铁片放置在子午线的方向上，烧红的铁片内部分子处于比较活动的状态，使铁分子顺着地球磁场方向排列，达到磁化的目的。蘸入水中，可把这种排列较快地固定下来，而鱼尾略向下倾斜可增大磁化程度。

磁化水

而沈括在《梦溪笔谈》中提到另一种人工磁化的方法："方家以磁石摩针锋，则能指南。"按沈括的说法，当时的技术人员用磁石去摩擦缝衣针，就能使针带上磁性。从现在的观点来看，这是一种利用天然磁石的磁场作用，使钢针内部磁畴的排列趋于某一方向，从而使钢针显示出磁性的方法。这种方法比地磁法简单，而且磁化效果比地磁法好。摩擦法的发明不但世界最早，而且为有实用价值的磁指向器的出现，创造了条件。

磁化技术在现代生活中有着广泛的应用，特别是磁化水技术已越来越引起人们的重视。

磁化水是一种被磁场磁化了的水。让普通水以一定流速，沿着与磁力线平行的方向，通过一定强度的磁场，普通水就会变成磁化水。磁化水有种种神奇的效能，在工业、农业和医学等领域有广泛的应用。

在工业上，人们最初只是用磁场处理少量的锅炉用水，以减少水垢。现在磁化水已被广泛用于各种高温炉的冷却系统，对于提高冷却效率、延长炉子寿命起了很重要的作用。许多化工厂用磁化水加快化学反应速度，提高产量。建筑行业用磁化水搅拌混凝土，大大提高了混凝土强度。纺织厂用磁化水褪浆，印染厂用磁化水调色，都取得了很好的经济效益。

在农业上，用磁化水浸种育秧，能使种子出芽快，发芽率高，幼苗具有株高、茎粗、根长等优点；用磁化水灌田，可使土质疏松，加快有机肥分解，刺激农作物生长。通过实践人们发现，常浇磁化水的大豆、玉米等作物和萝卜、黄瓜等蔬菜，产量可提高 10%～45%，水稻、小麦、油菜等作物可增产 11%～18%。此外，有些畜牧场用磁化水喂养家禽家畜，可使禽畜疾病减少、增重快。

在医学上，磁化水不仅可以杀死多种细菌和病毒，还能治疗多种疾病。例如磁化水对治疗各种结石病症（胆结石、膀胱结石、肾结石等）、胃病、高血压、糖尿病及感冒等均有疗效。对于没病的人来说，常饮磁化水还能起到防病健身的作用。

在日常生活中，用经过磁化的洗衣粉溶液洗衣，可把衣服洗得更干净。有趣的是，不用洗衣粉而单用磁化水洗衣，洗涤效果也很令人满意。

亲密的电和磁

形影不离的电和磁

电磁，在许多人的印象里，电和磁就像是一对相生相成、形影不离的孪生兄弟，也像是一对亲密无间、夫唱妻随的美满佳偶。说到电，必然也会说到磁；提到磁，自然也离不开电。如充满宇宙中的电磁波，它们对于我们来说简直就是如雷贯耳，因为它们对宇宙天体和生命物质发挥着极为重要的作用，它们就是电性和磁性的统一体。

电和磁确实有许多相似之处：带电体周围有电场，磁体周围也有磁场；同种电荷相斥，同名磁极也相斥；异种电荷相吸，异名磁极也相吸；变化的电场能激发磁场，变化的磁场也能激发电场；用摩擦的方法能使物体带上电，如果用磁铁的一极在一根铁棒上沿同一方向摩擦几次，也能使铁棒磁化——物理学家法拉第和麦克斯韦为此创立了"电生磁、磁生电"的电磁场理论。

但在 19 世纪以前，人们始终认为两者是各不相关的。直到 19 世纪初，科学界仍普遍认为电和磁是两种独立的作用。法国物理学家库仑就曾经论证过，电和磁是物质的两种截然不同的性质，虽然它们的作用定律在数学上极为相似，但是电和磁是不会相互转化的。库仑的这个看法在当时成了一种权威的理论。

但后来，电与磁之间的联系被发现了，如奥斯特发现的电流磁效应和安培发现的电流与电流之间相互作用的规律。再后来，法拉第提出了电磁感应定律，这样电与磁就连成一体了。

现在我们认为，电和磁是不可分割的，它们始终交织在一起。简单地说，就是电生磁、磁生电。变化的磁场能激发电场，反之，变化的电场也能激发磁场，有电必有磁，有磁才有电。它们总是紧密联系而不可分割的。

电流产生磁场

在"电和磁相互独立"的观点风行欧洲时，丹麦的科学家奥斯特却坚信电与磁之间有着某种联系。经过多年的研究，他终于在 1820 年发现了电流的

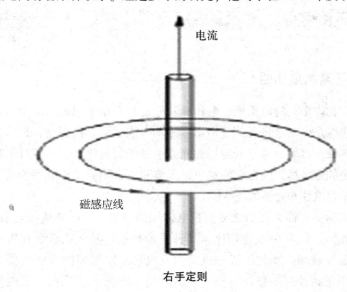

电流

磁感应线

右手定则

磁效应：在一根直导线的附近放一枚小磁针，使磁针和导线平行，当导线中有足够强的电流通过时，磁针突然偏转，并与导线垂直，证明了电流周围存在着磁场。

如果一条直的金属导线通过电流，那么在导线周围的空间将产生圆形磁场。导线中流过的电流越大，产生的磁场越强。磁场成圆形，围绕导线周围。磁场的方向可以根据"右手定则"来确定：将右手拇指伸出，其余四指并拢弯向掌心。这时，拇指的方向为电流方向，而其余四指的方向是磁场的方向。实际上，这种直导线产生的磁场类似于在导线周围放置了一圈 N、S 极首尾相接的小磁铁的效果。

如果将一条长长的金属导线在一个空心筒上沿一个方向缠绕起来，形成的物体我们称为螺线管。如果使这个螺线管通电，那么会怎样？通电以后，螺线管的每一匝都会产生磁场，磁场的方向如图中的圆形箭头所示。那么，在相邻的两匝之间的位置，由于磁场方向相反，总的磁场相抵消；而在螺线管内部和外部，每一匝线圈产生的磁场互相叠加起来，最终形

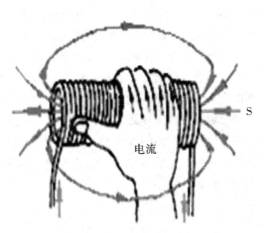

通电螺线管的磁场

成了如图所示的磁场形状。也可以看出，在螺线管外部的磁场形状和一块磁铁产生的磁场形状是相同的。而螺线管内部的磁场刚好与外部的磁场组成闭合的磁力线。在图中，螺线管表示成了上下两排圆，好像是把螺线管从中间切开来。上面的一排中有叉，表示电流从荧光屏里面流出；下面的一排中有一个黑点，表示电流从外面向荧光屏内部流进。

电生磁的一个应用实例是实验室常用的电磁铁。为了进行某些科学实验，经常用到较强的恒定磁场，但只有普通的螺线管是不够的。为此，除了尽可能多地绕制线圈以外，还采用两个相对的螺线管靠近放置，使得它们的 N、S 极相对，这样两个线包直接就产生了一个较强的磁场。另外，还在线包中间

放置纯铁（称为磁轭），以聚集磁力线，增强线包中间的磁场。

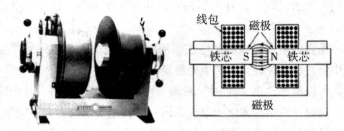

电磁铁   电磁铁磁极

对于一个很长的螺线管，其内部的磁场大小用下面的公式计算：$H = nI$。在这个公式中，I 是流过螺线管的电流，n 是单位长度内的螺线管圈数。

如果有两条通电的直导线相互靠近，会发生什么现象？我们首先假设两条导线的通电电流方向相反。那么，根据上面的说明，两条导线周围都产生圆形磁场，而且磁场的走向相反。在两条导线之间的位置会是说明情况呢？不难想象，在两条导线之间，磁场方向相同。这就好像在两条导线中间放置了两块磁铁，它们的 N 极和 N 极相对，S 极和 S 极相对。由于同性相斥，这两条导线会产生排斥的力量。类似地，如果两条导线通过的电流方向相同，它们会互相吸引。

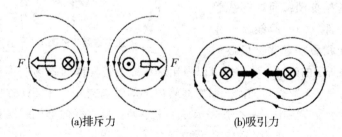

(a)排斥力   (b)吸引力

通电导线的磁场

如果一条通电导线处于一个磁场中，由于导线也产生磁场，那么导线产生的磁场和原有磁场就会发生相互作用，使得导线受力。这就是电动机和喇叭的基本原理。

电磁感应

1820 年奥斯特发现电流磁效应后，许多物理学家便试图寻找它的逆效应，提出了磁能否产生电，磁能否对电作用的问题。1822 年阿喇戈和洪堡在测量地磁强度时，偶然发现金属对附近磁针的振荡有阻尼作用。1824 年，阿喇戈根据这个现象做了铜盘实验，发现转动的铜盘会带动上方自由悬挂的磁针旋转，但磁针的旋转与铜盘不同步，稍滞后。电磁阻尼和电磁驱动是最早发现的电磁感应现象，但由于没有直接表现为感应电流，当时未能予以说明。

1831 年 8 月，法拉第在软铁环两侧分别绕 2 个线圈，其一为闭合回路，在导线下端附近平行放置一磁针；另一与电池组相连，接开关，形成有电源的闭合回路。实验发现，合上开关，磁针偏转；切断开关，磁针反向偏转，这表明在无电池组的线圈中出现了感应电流。法拉第立即意识到，这是一种非恒定的暂态效应。紧接着他做了几十个实验，把产生感应电流的情形概括为 5 类：变化的电流，变化的磁场，运动的恒定电流，运动的磁铁，在磁场中运动的导体。并把这些现象正式定名为电磁感应。

如果把一个螺线管两端接上检测电流的检流计，在螺线管内部放置一根磁铁。当把磁铁很快地抽出螺线管时，可以看到检流计指针发生了偏转，而且磁铁抽出的速度越快，检流计指针偏转的程度越大。同样，如果把磁铁插入螺线管，检流计也会偏转，但是偏转方向和抽出时相反。

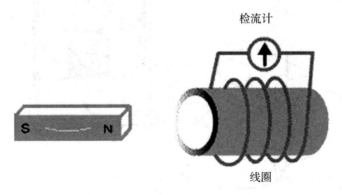

磁生电

　　为什么会发生这种现象呢？我们已经知道，磁铁会向周围的空间发出磁力线。如果把磁铁放在螺线管中，那么磁力线就会穿过螺线管。这时，如果把磁铁抽出，磁铁远离了螺线管，将造成穿过螺线管的磁力线数目减少（或者说线圈内部的磁通量减少）。正是这种穿过螺线管的磁力线数目（也就是磁通量）的变化使得螺线管中产生了感生电动势。如果线圈闭合，就产生电流，称为感生电流。如果磁铁是插入螺线管内部，这时穿过螺线管的磁力线增多，产生的感生电流和磁铁抽出时相反。

　　那么，如何决定线圈中感生电动势的大小和方向呢？从上面的实验我们知道，磁铁抽出的快慢决定检流计指针的偏转程度，这实际上是说，线圈中的感生电动势的大小与线圈内部磁通量的变化率成正比。这称为法拉第定律。

　　通过实验我们可以证实，如果磁铁抽出，导致线圈中的磁通量减少，那么在线圈中产生的感生电流的方向是：它所产生的磁通量能够补偿由于磁铁抽出引起的磁通量降低，也就是说，感生电流所产生的磁通量总是阻碍线圈中磁通量的变化。这称为楞次定律。如果磁铁从线圈中向上抽出，将使得线圈中的磁通量减少，这时如果线圈是闭合的，线圈中产生感生电流，该感生电流的方向是：它产生的磁力线的方向也指向下方，以补偿由于磁铁抽出导致的磁通量减少。

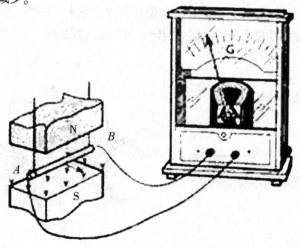

电磁感应

变化的磁场可以在线圈中感应出电流，这就是发电机和麦克风的基本原理。

电磁感应现象的发现，乃是电磁学领域中最伟大的成就之一。它不仅揭示了电与磁之间的内在联系，而且为电与磁之间的相互转化奠定了实验基础，为人类获取巨大而廉价的电能开辟了道路，在实用上有重大意义。电磁感应现象的发现，标志着一场重大的工业和技术革命的到来。事实证明，电磁感应在电工、电子技术、电气化、自动化方面的广泛应用对推动社会生产力的发展和科学技术的进步都发挥了重要的作用。

直流电

直流电，又称恒流电，恒定电流是直流电的一种，是大小和方向都不变的直流电。直流电所通过的电路称直流电路，是由直流电源和用电器构成的闭合导电回路。在该直流电路中，形成恒定的电场。在电源外，正电荷经电阻从高电势处流向低电势处，在电源内，靠电源的非静电力的作用，克服静电力，再从低电势处到达高电势处，如此循环，构成闭合的电流线。所以，在直流电路中，电源的作用是提供不随时间变化的恒定电动势，为在电阻上消耗的焦耳热补充能量。

涡流和涡流的用处

涡流，又称为傅科电流，是"涡电流"的简称。迅速变化的磁场在导体（包括半导体）内部引起的感应电流，其流动的路线呈涡旋形，就像一圈圈的漩涡，故称"涡流"。导体在磁场中运动，或者导体静止但有着随时间变化的磁场，或者两种情况同时出现，都可以造成磁力线与导体的相对切割。按照电磁感应定律，在导体中就产生感应电动势，从而驱动电流。这样引起的电流在导体中的分布随着导体的表面形状和磁通的分布而不同，其路径往往有如水中的漩涡。导体的外周长越长，交变磁场的频率越高，涡流就越大。

导体在非均匀磁场中移动或处在随时间变化的磁场中时，因涡流而导致能量损耗称为涡流损耗。涡流损耗的大小与磁场的变化方式、导体的运动、导体的几何形状、导体的磁导率和电导率等因素有关。涡流损耗的计算需根据导体中的电磁场的方程式，结合具体问题进行。

涡流损耗会使变压器和电机的效率降低。如果我们仔细观察发电机、电动机和变压器，就可以看到，它们的铁芯都不是整块金属，而是用许多薄的硅钢片叠合而成。为什么这样呢？原来，电动机、变压器的线圈都绕在铁芯上。线圈中流过变化的电流，在铁芯中产生的涡流会使铁芯大量发热，浪费大量的电能，效率很低，而且会危及线圈绝缘材料的寿命，严重时可使绝缘材料当即烧毁。为了减少发热，降低能耗，提高效率，交流电机、电器中，一般不用整块材料作铁芯，而是把铁芯材料首先轧制成很薄的板材，板材外面涂上绝缘材料，再把板材叠放在一起，形成铁芯。这样涡流被限制在狭窄的薄片之内，磁通穿过薄片的狭窄截面时，这些回路中的净电动势较小，回路的长度较大，回路的电阻很大，涡流大为减弱。再由于这种薄片材料的电阻率大（硅钢的涡流损失只有普通钢的 $1/5 \sim 1/4$），从而使涡流损失大大降低。

但有时我们又要利用涡流。在需要产生高温时，又可利用涡流来取得热量，如高频电炉就是根据这一原理设计的。涡流流动情况可用电流密度描述，由于多数金属的电阻率很小，因此不大的感应电动势往往可以在整块金属内部激起强大的涡流。当一个铁芯线圈通过交变电流时在铁芯内部激起涡流，它和普通电流一样要放出焦耳热。利用涡流的热效应进行加热的方法叫做感应加热。冶炼金属用的高频感应炉就是感应加热的一个重要例子。当线圈通入高频交变电流时，在线圈中的坩埚里的被冶炼金属内出现强大的涡流，它所产生的热量可使金属很快熔化。这种冶炼方法的最大优点之一，就是冶炼所需的热量直接来自被冶炼金属本身，因此可达极高的温度并有快速和高效的特点。此外，这种冶炼方法易于控制温度，并能避免有害杂质混入被冶炼的金属中，因此适于冶炼特种合金和特种钢等。

另一方面，利用涡流作用可以做成一些感应加热的设备，或用以减少运动部件振荡的阻尼器件等。

涡流还可以应用于生活。电磁炉就是涡流在生活中的应用。电磁炉是一种安全、卫生、高效节能的炊具，是"现代厨房的标志"之一。

电磁体及其应用

磁铁，顾名思义，是一种可以把铁这种金属吸起来的一种物体。电磁铁可比磁铁更有用，因为它不只可以把铁这种元素吸来，还可以把其他金属吸起来。那电磁铁是一种什么东西呢？

内部带有铁心的、利用通有电流的线圈使其像磁铁一样具有磁性的装置叫做电磁铁，通常制成条形或蹄形。电磁铁主要由线圈、铁心及衔铁三部分组成，铁心和衔铁一般用软磁材料制成。铁心一般是静止的，线圈总是装在铁心上。开关电器的电磁铁的衔铁上还装有弹簧。当线圈通电后，铁心和衔铁被磁化，成为极性相反的两块磁铁，它们之间产生电磁吸力。当吸力大于弹簧的反作用力时，衔铁开始向着铁心方向运动；当线圈中的电流小于某一定值或中断供电时，电磁吸力小于弹簧的反作用力，衔铁将在反作用力的作用下返回原来的释放位置。

电磁铁是利用载流铁心线圈产生的电磁吸力来操纵机械装置，以完成预期动作的一种电器。它是将电能转换为机械能的一种电磁元件。电磁铁有许多优点：电磁铁磁性的有无，可以用通、断电流控制；磁性的大小可以用电流的强弱或线圈的匝数来控制。电磁铁在日常生活中有极其广泛的应用。电磁铁是电流磁效应（电生磁）的一个应用，与生活联系紧密，如电磁继电器、电磁起重机、磁悬浮列车等。

1822 年，法国物理学家阿拉戈和吕萨克发现，当电流通过其中有铁块的绕线时，它能使绕线中的铁块磁化。这实际上是电磁铁原理的最初发现。1823 年，斯特金也做了一次类似的实验：他在一根并非是磁铁棒的 U 形铁棒上绕了 18 圈铜裸线，当铜线与伏打电池接通时，绕在 U 形铁棒上的铜线圈即产生了密集的磁场，这样就使 U 形铁棒变成了一块"电磁铁"。这种电磁铁上的磁能要比永磁能放大多倍，它能吸起比它重 20 倍的铁块；而当电源切断后，U 形铁棒就什么铁块也吸不住，重新成为一根普通的铁棒。

斯特金的电磁铁发明，使人们看到了把电能转化为磁能的光明前景。这一发明很快在英国、美国以及西欧一些沿海国家传播开来。

1829 年，美国电学家亨利对斯特金电磁铁装置进行了一些革新，绝缘导线代替裸铜导线，因此不必担心被铜导线过分靠近而短路。由于导线有了绝缘层，就可以将它们一圈圈地紧紧地绕在一起，由于线圈越密集，产生的磁场就越强，这样就大大提高了把电能转化为磁能的能力。到了 1831 年，亨利试制出了一块更新的电磁铁，虽然它的体积并不大，但它能吸起 1 吨重的铁块。

电磁起重机

在现代社会中电磁铁有着极其广泛的应用，我们日常生活和生产中用到的电风扇、吸尘器、电铃、吹风机、抽水机、洗衣机、果汁机、搅拌机、电冰箱、冷气机、割草机等无一不是利用了电磁铁的原理。

电铃、电动机（马达）、电话等，都利用电磁铁产生动作。

电铃的构造如下图，其包含几个主要的设计：①电磁铁；②弹簧片。

当电路接通电源时，电磁铁通电，对簧片产生吸引力，簧片向磁铁运动时，锤头敲击电铃发出声音，与此同时，动片和静片接触。

当电路成断路状态时，电磁铁失去磁性，簧片不受吸引力，会在弹力作用下自动弹回原处，动片与静片脱离接触，电流重新经过电磁铁流向灯泡再形成回路。电磁铁又开始工作吸引簧片，锤头再次敲击铃铛。

周而复始，电铃不断地被敲响。

录音带可以把声音录下来，计算机的硬盘可以把数据记录下来，这些都是利用磁头的电磁铁改变录音带和磁盘上磁性物质的性质而达到这些效果的。

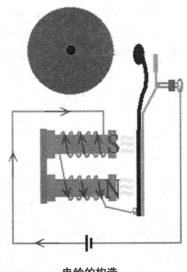

电铃的构造

录音机的出现，最早可追溯至 1877 年美国发明大王爱迪生发明留声机。爱迪生将声波变换成金属针的震动，并刻录于锡箔上，利用锡箔与金属针实现了录音。1896 年时丹麦的年轻电机工程师波尔森将音波转为电流，再转换为磁力实现了磁录音，并于 1898 年获得专利。但是录音机的真正流行还是在发明磁带以后。1935 年德国科学家福劳耶玛发明了磁带，在醋酸盐带基涂上氧化铁，正式替代了钢丝。1962 年荷兰飞利浦公司发明盒式磁带录音机。

扬声器

扬声器应用了电磁铁来把电流转化为声音。

扬声器又称"喇叭"。是一种十分常用的电声换能器件，它将声音电信号转换成声音。扬声器发声是靠通过以交变电流信号的线圈产生交变磁场，吸引排斥磁盘，引起振膜、纸盆振动，再通过空气介质传播声音。

扬声器同时运用了电磁铁和永久磁铁。假设现在要播放 C 调（频率为 256 赫，即每秒振动 256 次），唱机就会输出 256 赫的交流电。换句话说，在一秒钟内电流的方向会改变 256 次。每一次电流改变方向时，电磁铁上的线圈所产生的磁场方向也会随着改变。我们都知道，磁力是"同极相斥，异极相吸"

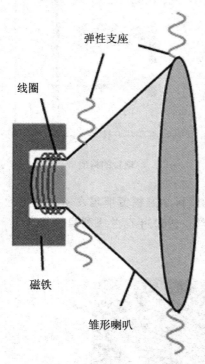

弹性支座

线圈

磁铁

锥形喇叭

扬声器结构示意图

的，线圈的磁极不停地改变，与永久磁铁一时相吸，一时相斥，产生了每秒钟 256 次的振动。线圈与一个薄膜相连，当薄膜与线圈一起振动时，便会推动了周围的空气。振动的空气，不就是声音吗？这就是扬声器的工作原理了。

电磁铁除了可以将电转换成磁力，还可以将磁力的变化转换成电力。在同一根铁心上，用两组线圈做两个电磁铁，其中一个输入交流电（电流方向会不断变化的电），另一组电磁铁的两端就会有电压输出。输出电压的大小与线圈圈数有关，圈数越多，电压越高。利用这样的原理可以制造提高或降低电压的各种变压器。

变压器是一种常见的电气设备，可用来把某种数值的交变电压变换为同频率的另一数值的交变电压，也可以改变交流电的数值及变换阻抗或改变相位。

发电厂欲将 $P = 3UI\cos\varphi$ 的电功率输送到用电的区域，在 P、$\cos\varphi$ 为一定值时，若采用的电压愈高，则输电线路中的电流愈小，因而可以减少输电线路上的损耗，节约导电材料。所以远距离输电采用高电压是最为经济的。目前，我国交流输电的电压最高已达 1000 千伏。这样高的电压，无论从发电机的安全运行方面或是从制造成本方面考虑，都不允许由发电机直接生产。发电机的输出电压一般有 3.15 千伏、6.3 千伏、10.5 千伏、15.75 千伏等几种，因此必须用升压变压器将电压升高才能远距离输送。电能输送到用电区域后，为了适应用电设备的电压要求，还需通过各级变电站（所）利用变压器将电压降低为各类电器所需要的电压值。

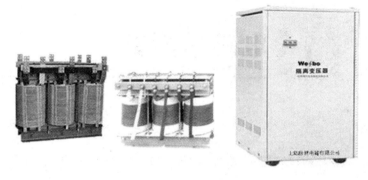

变压器

电磁学简史
DIANCIXUE JIANSHI

　　电磁学是研究电磁和电磁的相互作用现象，及其规律和应用的物理学分支学科。根据近代物理学的观点，磁的现象是由运动电荷所产生的，因而在电学的范围内必然不同程度地包含磁学的内容。所以，电磁学和电学的内容很难截然划分，而"电学"有时也就作为"电磁学"的简称。电磁学从原来互相独立的两门科学（电学、磁学）发展成为物理学中一个完整的分支学科，主要是基于两个重要的实验发现，即电流的磁效应和变化的磁场的电效应。这两个实验现象，加上麦克斯韦关于变化电场产生磁场的假设，奠定了电磁学的整个理论体系，发展了对现代文明起重大影响的电工和电子技术。

研究磁与电的先行者

　　磁学研究的先驱当数与伽利略同时代的英格兰人吉尔伯特。他早年曾在剑桥大学学习，后来成为一位蜚声欧洲的名医，担任过英国女王伊丽莎白一世的私人医生。他最初的研究在化学方面，但大约在 40 岁时，他对磁和电现象产生了兴趣，把其余生奉献给磁和电的实验研究。1600 年出版的他的伟大的著作《论磁》，标志着电磁研究新纪元的开始。

吉尔伯特最著名的实验是"磁性小地球"实验。他将一块天然磁石磨制成一个磁石球，把小磁针放在这个磁球的附近，观察磁球对小磁针的作用。他发现，这些小磁针的行为完全和地球上指南针的行为一样，磁球的磁子午圈与地球的经线相像且有2个"磁极"，于是，他大胆地得出地球是一个大磁体的结论。他还提出一个普遍原理，即每个磁体的磁北极，吸引别的磁体的磁南极，而排斥它们的磁北极。由此，他解释了指南针指北的原因，批驳了一些人对磁体运动原因的迷信说法。

吉尔伯特

吉尔伯特还做过磁化铁棒或铁丝的实验。通过"拉伸或锤击"铁棒或铁丝，或通过锤击正在从灼热中冷却下来的铁棒或铁丝，都可以将其磁化。

吉尔伯特对静电现象也有实验研究。前人发现摩擦过的琥珀有吸引轻小物体的性质，他发现许多摩擦过的物体也有这种性质。为了把这种性质与磁作用区别开，他把这种性质称为电性，引入"电力"、"带电体"等术语。他第一次明确地区分开了电的吸引和磁的吸引。

吉尔伯特把电现象和磁现象做了比较。他认为：①磁性是天然的，而电性需经摩擦产生；②磁力作用只在少数物体间发生，电力作用则是普遍的；③磁力有2种——引力和斥力，电力仅有引力（当时不知道还有斥力）；④磁体之间作用不受中间物体影响，而带电体则不然。由此，他得出它们是两种截然无关的现象的结论。这个结论，影响后人在随后的200多年里一直把电现象和磁现象分开研究。

在17世纪继吉尔伯特之后，最重要的电学发现是电排斥的发现。1650年以"马德堡半球实验"而闻名于世的德国物理学家格里克发现了经过摩擦的

格里克

琥珀虽然会吸引小纸片，但两个与这块琥珀接触过的小纸片却互相排斥。他还发现，电荷可以从一个物体传给另一个物体，物体之间可以不直接接触，用一根潮湿的绳子或最好是一根金属丝把物体连接起来，电荷就会沿湿线或金属丝传过去。他在1663年制造了世界上第一架摩擦起电机。他取一个似小孩头大小的球形玻璃瓶，把研磨好的硫磺装到里面，并在火上熔化。冷却后，打破玻璃瓶，取出硫磺球，放在干燥的地方，再把它穿一个洞，使它能绕一根铁棒或轴转动。他把手或者破布按在硫磺球的表面上，并让球迅速旋转，硫磺球就获得了足够的电荷。后来经过改进，可以产生强烈的电击和骇人的火花。

1731年，在修道院领取养老金的英国人格雷，发现导体和绝缘体的区别，并提出了电的"双流质"说。他认为在正常的物体中存在着等量的2种"流质"，一种是"正流质"，另一种是"负流质"。当两个不同的物体相互摩擦时，就会有流质转移，使一个物体得到了超过平衡的"正流质"，而另一个物体留下了超过平衡的"负流质"。

1733年，法国化学家杜菲发现绝缘的金属也可以通过摩擦的办法起电。他让助手把自己用绝缘丝绳吊在天花板上，使自己的身体带电，当助手靠近他时，杜菲突然感到针刺般

马德堡半球实验

的电击，并产生噼噼啪啪的声响，从而说明绝缘的人体也可以带电。1734 年杜菲发现，两根带电的琥珀棒或带电的玻璃棒悬挂起来彼此靠近，它们会相互排斥。可是带电的玻璃棒和带电的琥珀棒却互相吸引。这使他认识到电有 2 种：①由摩擦后的琥珀、火漆、硬橡胶和其他树脂类物质产生的，这种电称为"树脂电"；②由摩擦后的玻璃、云母等所产生的，这种电称为"玻璃电"。他认为中性的物体是物体中所含的这 2 种电数量相同而互相抵消了。带电的物体则具有多余的"树脂电"或"玻璃电"。他指出这两种电的特殊标志是同种电相斥，异种电相吸。

1745 年，荷兰莱顿大学物理学教授马森布洛克，为了寻找保存电荷的方法，做了一个实验：把一支悬挂起来的枪管连在起电机上，另用一根铜线从枪管中引出再插入盛水的玻璃瓶里，他企图把起电机产生的电荷存入玻璃瓶中。他的助手一只手握住玻璃瓶，马森布洛克摇起电机，助手不小心，另一支手触到枪管，他突然感到强烈电击，喊叫起来。马森布洛克与助手互换位置，重复前面的过程，同样他的"手臂和身体产生了一种无法形容的恐怖感觉，总之我以为这下子可完蛋了"。为此他发誓，即使把整个法兰西帝国赠给他，也不再重做这个实验了。并劝他的朋友也不要做这个可怕的实验了。但他的话起了反作用，他的实验引起了莱顿大学几位科学家的极大兴趣。他们多次重复"莱顿实验"并不断改进装置，形成了现在使用的莱顿瓶。这是人类首次找到了储存电荷的方法，为进一步深入研究电现象提供了方便。

莱顿瓶受到了美国学者富兰克林的重视。1746 年，英国物理学家考林森赠给富兰克林一只莱顿瓶。富兰克林利用它做了许多实验，在 1747 年发表了关于莱顿瓶功效的分析文章。在实验中证明了异种电荷可以相消，由这种相消性，得出两种电荷没有什么本质差异的结论。

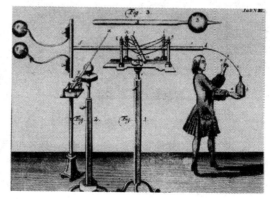

莱顿瓶

他提出了电的"单液说"，认为"玻璃电"是惟一存在的一种无重量的"电流质"。两种不同的带电现象只是相当于这种电流质的过剩或减少。他把带有过剩"玻璃电"的物体称为带正电的物体，而把缺少这种电的物体称为带负电的物体。当一个具有过剩的电流质的物体遇到一个缺少电流质的物体时，就有电流质从前者流向后者。富兰克林的观点是错误的，因为正电荷与负电荷是确实存在的。但他是"正电"和"负电"的命名人，并且他的理论在当时能解释各种电现象，特别是在导线中有电流的情况下是接近真实情况的。同时他的理论中包含了正确的概念，即"电不因摩擦玻璃管而创生，而只是从摩擦者转移到了玻璃管，摩擦者失去的电与玻璃管获得的电量严格相同"。这就是说，在任一绝缘体系中电的总量是不变的，这就是电荷守恒原理。

富兰克林风筝实验

富兰克林在用莱顿瓶做放电实验时，注意到放电发生的火花和响声，联想到暴风雨时的闪光和雷声，他认为这两者在本质上是相同的，只是规模不同。他把自己的见解写成论文，寄给英国皇家学会，但未得到承认。富兰克林只好寻找实践的支持，他觉得有必要把天雷捕捉下来瞧瞧。1752 年 7 月富兰克林冒着生命危险，在雷雨交加时，同他的儿子一起将一只带有铁丝尖端的丝绸风筝放入云层，通过打湿了的麻绳和末端的金属钥匙，把"天电"引入莱顿瓶，再从莱顿瓶取出了电火花。这就是震动世界的"费城实验"，它令人信服地证明了"天电"与"地电"是相同的，揭开了雷电的奥秘。

第二年富兰克林发明了避雷针，这是人类利用电学知识征服自然界所迈出的第一步。

发现库仑定律

带电体之间相互作用的情况是怎样的呢？先做一个有趣的实验：把半张干燥的报纸剪成十几个窄条，每条都不剪到头，使它们的上部仍旧连着。然后把剪过的报纸铺在门板上，用一只手按住上部，另一只手在纸条上来回刷一阵子。取下报纸，手捏住报纸上部，围成圆圈。这时，这些纸条不是竖直下垂，而是向四周散开，好像一条张开的"裙子"。假如你用带负电的橡胶棒从下面伸进"裙筒"，"裙子"张得更开了；如果用带正电的玻璃棒从下面伸进"裙筒"，还没等伸进去，纸条立刻都聚拢到玻璃棒上，经过摩擦的纸条带上了负电，就张成"裙子"，这是负电荷相互作用的结果。实验证明，带同种电荷的物体互相排斥，带异种电荷的物体互相吸引。带电体所特有的这种相互作用性质，简单叫做同性相斥、异性相吸。

带电体之间相互作用力的大小，最早是在1785年，由法国物理学家库仑利用库仑扭秤测出的，他从中总结出了两个点电荷之间的相互作用定律。当带电体的大小比带电体之间距离小得多的时候，这些带电体就可以看成是点电荷，就是电荷好像集中在一个点上。

库仑指出，两个点电荷之间的相互作用力，跟它们所带的电量乘积成正比，跟它们之间的距离平方成反比，作用力的方向在这两个点电荷的连线上。点电荷用 q_1、q_2 表示，距离用 r 表示，写成公式是：

$$F = k \frac{q_1 q_2}{r^2}$$

这就是库仑定律，力 F 称作库仑力，k 是一个和单位选定有关的比例常数。电荷同号的时候，库仑力是正的，表示排斥；电荷异号的时候，库仑力是负的，表示吸引。

库　仑

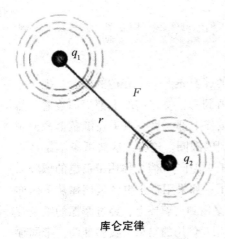

库仑定律

电荷之间的这种相互作用是怎样产生的呢？原先人们都以为它是用无限大的速度在两个带电体之间直接传递的，叫做"超距作用"。后来，法拉第认为，电荷之间的相互作用不是直接传递，而是通过中间媒质用有限的速度传递的。这种相互作用叫做"媒递作用"，是电场概念的起源。电场是一种特殊的物质，在电荷周围，总存在着电场；正是通过电场，才对场中其他电荷发生力的作用。静止电荷周围形成的电场，称作静电场。

静电场对场中静止电荷的作用力叫做静电力，也就是库仑力。

库仑定律的建立，使电学研究进入了定量阶段，为电磁学作为一门精密的科学奠定了基础。

牛顿第三定律

牛顿第三定律，是指两个物体之间的作用力和反作用力，总是同时在同一条直线上，大小相等，方向相反。即 $F_1 = -F_2$（$N = N'$），其内容指：①力的作用是相互的，同时出现，同时消失。②相互作用力一定是相同性质的力。③作用力和反作用力作用在两个物体上，产生的作用不能相互抵消。④作用力也可以叫做反作用力，只是选择的参照物不同。⑤作用力和反作用力因为作用点不在同一个物体上，所以不能求合力。

发现电流

任何事物都具有这样的特点，运动着的客体都要比它处于相对静止时，更能显露出它的本质和丰富多彩的性质。因此，电流的发现不仅是对电荷本身认识有质的飞跃，开辟了一个动电学的新领域，而且也打开了探索电现象与其他物理现象内在联系的大门。

最先发现电流的是意大利的伽伐尼。伽伐尼是意大利波洛尼亚大学的解剖学和医学教授。那个时候，在实验室里放上起电机是很时髦的事，就像我们今天上互联网一样，伽伐尼的实验桌上也有这样的一台仪器。他的妻子根据丈夫的嘱咐用蛙腿做菜肴，她把剥去皮的青蛙随手放在起电机旁的金属板上。并取了一把解剖刀，解剖刀很偶然地触及了青蛙的腿神经，这时起电机刚好飞过一个火花，青蛙腿猛地抽搐了一下。妻子惊讶地叫了起来，引起了伽伐尼的注意，于是他立即重复了这个实验。

伽伐尼

电流的发现，使电流研究开始由静电转向动电的领域，并成为后来世界走上电气化的重要跳板。那么，电流最初是怎么发现的呢？

在1791年发表的《论在肌肉运动中的电力》一文中，伽伐尼如下记述当时的经历："我把青蛙放在桌上，注意到了完全是意外的一种情况。在桌子上还有一部起电机……我的一个助手偶然把解剖刀的刀尖碰到青蛙腿上的神经……另一个助手发现，当起电机的起电器上的导体发出火花时，这个青蛙抽动了一下……因这现象而惊异的他立即引起了我的注意，虽然我当时考虑着完全另外的事情，并且是全神贯注于自己的思想的。"伽伐尼在重复这个实验的时候，观察到了同样的现象。他发现，用金属接触神经和发出电火花都是必要条件。之后，他又以严谨的科学态度，选择不同的条件，在不同的日子做了这类实验。起先，他用铜丝与铁窗连着，在雨天和晴天做实验，他发现无论是晴天还是雨天，青蛙腿都发生了痉挛。于是他认为这是"大气电"的作用。现在我们知道，他得出这个结论，是受了富兰克林大气电实验的影响。但是后来，他找了一间密闭的房间，将青蛙放在铁板上，用铜丝去触它，结果跟以往一样，蛙腿也发生了痉挛性收缩，这就排除了外来电的可能。在上面提到的论文中，他继续写道："我选择不同的日子，不同的时候，用各种不同的金属多次重复，总是得到相同的结果，只是在使用某些金属时，收缩更加强烈而已。以后，我又用各种不同的物体来做这个实验，但是用诸如玻璃、橡胶、松香、石头和干木头来代替金属导体时，就不会发生这样的现象。"这些现象使伽伐尼猜想到，在动物体内存在着某种电，如果使神经和肌肉与两种不同的金属接触，再使这两种金属相接触，这种电就会被激发出来，所以这很可能是从神经传到肌肉的特殊的电流质引起的。每根肌纤维就是一个小电容器，放电时便产生收缩。伽伐尼的解释由于缺少必要的知识，并不正确。青蛙腿抽搐是因为青蛙腿上的神经受到了电刺激，产生新的生物电，后者沿神经传导到肌肉，引起了肌肉的紧张收缩。

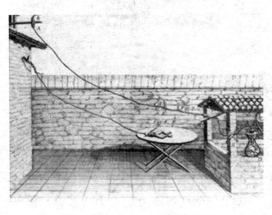

还原解剖青蛙实验的绘画作品

这样反复做了上百次实验，连续观察 6 年之久，伽伐尼才下了结论。他认为：电来自蛙体的神经，而两种金属的导体只不过起传导作用。他把这种电称为"动物电"，并且公开在波洛尼亚大学 1791 ~ 1792 年的工作纪要上发表了。从 1780 年开始发现电流现象到正式发表，前后经历了十几年，这充分说明伽伐尼治学态度的严谨。尽管当时对这种现象的本质还不十分清楚，但这种现象却意想不到地引起了科学界的关注。这时人们才发现，瑞士学者苏尔泽早在 1750 年就谈到过类似的发现。但是苏尔泽没有继续研究下去。伽伐尼的成功再次证明，机遇只属于那些有准备的头脑！

伽伐尼的发现也引起了他的好友意大利物理学教授亚历山得罗·伏打的重视。1792 年，伏打重复了伽伐尼的青蛙实验，认为伽伐尼得到的现象是对的，但解释是错误的。他做了一个颇有说服力的实验。将一块金币和一块银币同时顶住舌头，用导线将它们连接起来时，舌头感觉有酸苦味。因此，伏打认为，电的来源不是动物本身，而是两种金属的接触，肌肉或神经只是起传导和指示电流的作用。伽伐尼所发现的电流不应叫做"动物电"，而应称作"金属电"或"接触电"。

他为了尊重伽伐尼最先发现权，他把这种电流称之为"伽伐尼电流"。尽管对电流的来源有不同的看法，但电流的客观存在则是两个人取得的共同结论。

伏打

1796 年，伏打把金属称为第一类导体或干导体，把含有金属元素的液体称为第二类导体或湿导体。他指出，电"循环"的先决条件是回路必须由 2 个（或更多个）第一类导体和一个第二类导体所组成。他用各种金属搭配，研究它们相互接触时产生电的情况。1797 年，他提出了一个金属接触系列——著名的伏打系列：锌、锡、铅、铁、铜、银、金等，指出排在前面的金属将带正电，排在后面的金属将带负电。他还发现，将几种金属串接时，则电作用（电势差）由首、尾端的金属的性质决定，和中间的金属无关，这就是伏打定律。

伏打电堆

伏打将两个第一类导体和一个第二类导体所组成一个产生电流的装置，把它叫做伽伐尼电池。后人又称之为"伏打电堆"。伏打还发现，将这些装置叠置起来，会得到强得多的电流。伏打电堆的发明，为后人提供了产生持续稳定电流的方法，使电学的研究由静电深入到动电，为电学的进一步发展创造了条件，为电化学的开创奠定了基础。

发现欧姆定律

欧姆（1784～1854）出生于德国的一个普通家庭，1805年进入大学学习，1811年获得哲学博士学位。他担任家庭教师和中学教师20余年，期间始终坚持从事物理学研究，结果发现了欧姆定律。他终生未婚。

欧　姆

受傅里叶热传导定律的启发，欧姆认为电流现象和热流传导现象相类似，猜想导线中两点间的电流可能正比于这两点间的某种驱动力，他把它称为"电动力"，即现在所称的电势差。为验证这一猜想，他做了长期而大量的实验研究。

起初，他使用伏打电堆作为电源进行实验，由于电堆的电动势不很稳定，未能得到理想的效果。后来在波根道夫（1796～1877）的建议下，他于1826年改用温差电偶做电源，从而保证了电动势的稳定。他巧妙地利用扭秤的扭矩和受电流作用的磁针的偏转力矩平衡的方法来测量电流的大小。结果，他发现了电流"磁作用"的强度（正比于电流强度）同电源的"电动力"之间的线性关系，即全电路欧姆定律。对于一段导体来说，这一规律表现为电流和电势差成正比，其比例常数就是该导体的电阻，这就是电阻电路的欧姆定律。

由于当时德国的学术界正受谢林和黑格尔的"自然哲学"的影响，不大关心具体的实验工作，所以，欧姆的发现没有立即引起本国学术界的重视。他的发现首先得到的是英国皇家学会的奖赏，皇家学会授予他科普利奖章——当时科学界最高的荣誉。等到黑格尔死后，欧姆才渐渐得到他早就应该得到的待遇。

电　阻

电阻，物质对电流的阻碍作用就叫该物质的电阻。导体的电阻越大，表示导体对电流的阻碍作用越大。不同的导体，电阻一般不同，电阻是导体本身的一种特性。电阻元件是对电流呈现阻碍作用的耗能元件。电阻元件的电阻值大小一般与温度有关，衡量电阻受温度影响大小的物理量是温度系数，其定义为温度每升高 1℃ 时电阻值发生变化的百分数。电阻是所有电子电路中使用最多的元件。

安培的贡献

奥斯特的电流磁效应的发现报告，很快被译成法文、英文和德文公开发表出来，并引起科学界的极大重视，纷纷转向这方面的讨论和研究，特别是当时的法国巴黎，成了研究中心。这个时候正在国外旅游的法国物理学家阿拉果立即从瑞士返回巴黎，向法国科学院报告了奥斯特这一伟大发现的详细情况。阿拉果的报告，引起了法国科学界强烈的反响。做出异乎寻常的反应的是在科学上极其敏感的科学家安培等人。

安　培

安培出生于法国里昂的一个商人家庭，从小就表现出惊人的记忆力和非凡的数学才能，完全靠自学获得全面的教育。1793 年，他父亲被雅各宾党人处死，之后他妻子去世，这些打击使他一度陷入悲伤和苦闷。但对数学和自然科学的热爱使他又振作起来。在听到阿拉果对奥斯特发现的介绍后，他迅速重复了奥斯特的实验并加以发展。在1820年9月18日、9月25日和10月9日科学院召开的会议上报告了他的重要发现。在随后的几年里，他深入系统地研究了电磁学现象，提出安培力公式和分子电流假说。麦克斯韦把安培誉为"电学中的牛顿"。

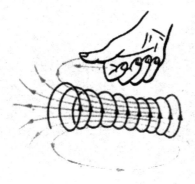

右手螺旋定则

安培在9月18日提出了磁针转动方向与电流方向的关系服从右手定则，即现在所称的安培右手定则。既然电流可以像磁石那样吸引或排斥磁针，那么两段电流是否也像两块磁石那样相互作用呢？在9月25日的报告里，安培用实验证明了两根平行载流导线，当电流方向相同时，相互吸引；当电流方向相反时，相互排斥。安培认为，磁作用本质上可归结为电流间的作用。在10月9日的报告里，安培报告了他对各种弯曲载流导线相互作用的实验研究结果。

在法国科学院10月30日的会议上，法国科学家比奥和萨伐尔报告了载

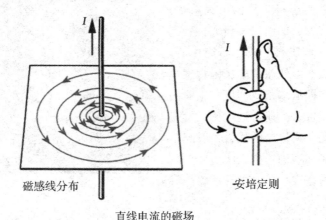

磁感线分布

直线电流的磁场

安培定则

直线电流右手定则

流长直导线对磁针作用力的实验结果。他们发现，这一作用力正比于电流强度，反比于它们之间的距离，作用力的方向则垂直于磁针到直导线的连线。拉普拉斯假设电流的作用归结为电流元独立作用之和，比—萨定律才被表示为微分形式。

在随后的 3 个月里，安培集中研究了电流元之间相互作用力。为测定这种作用力，他以精巧的实验技巧和高超的数学能力设计了 4 个"示零实验"。在对实验结果进行分析和综合后，他于 12 月 4 日提出任意 2 个电流元之间作用力的公式，即安培力公式。

安培是一个分子论者。在菲涅耳的批评和启示下，1821 年 1 月，他提出了分子电流假说。他认为，物体内部每个分子中的以太和两种电流质的分解，会产生环绕分子的圆电流，形成小磁体；当有外部磁力作用时，它们呈规则排列，使物体呈现磁性。

类比于静力学和动力学的区别，安培首次把研究动电现象的理论称为"电动力学"。

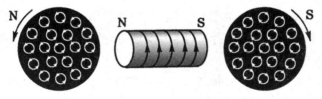

分子电流

其实安培本应该建立"首先发现电磁感应"的不朽功勋的。1832 年法拉第宣布他发现了电磁感应之后，安培声称，实际上他在 1822 年就已经发现了一个电流能够感应出另一个电流。

那为什么安培未能发现电磁感应？

正如安培所言，早在 1822 年，他与德莱里弗在日内瓦做的实验便证明了感应能够产生电流。他们用铜环和马蹄形磁铁做实验。在实验中，他们两人都已清楚地观察到由于感应引起的吸引和排斥，使铜环发生偏转。

当时，法拉第及其他研究者们正热切期望和努力探索着电磁感应效应，安培本应该对他的发现大加宣传，但是安培却没有这样做。那么，安培为什么没有利用这一发现以获得他显然渴望得到的不朽声誉呢？在这一点上，各家众说纷纭。罗斯把原因归结为德莱里弗的年轻和缺乏经验，以至于在描述这个实验时没有强调感应电流；而安培则是由于疏忽，没有将他的发现探究到底。布伦德尔则简单地认为安培没有考虑 1822 年的实验结果，因为他坚持的是分子电流的学说。霍夫曼则解释为：安培发现感应现象，被他同时作出的关于同一导线上的电流元之间相互排斥的"发现"所掩盖，使得安培忽视了感应现象。

其实，布伦德尔的陈述基本上是正确的，但令人难以理解，因为他没有指出隐藏在安培行动背后的原因。

1821 年 9 月，法拉第发现通电导线能绕磁铁旋转。不久，他又创制了著名的电磁旋转器，并发表了批评安培理论的论文。对于新的发现和法拉第的批评，安培不能无动于衷，因为两者似乎都触动了他的新学说的基础。此时，分子电流说对安培已变得极为重要，因此他决不能放弃它。这就导致了他对自己的电磁感应的发现极度轻视。实际上，当德莱里弗宣读安培对该实验的叙述时，安培就在日内瓦，当时他是完全能够作出修正，然而他没有这样做。而对德莱里弗发表在《化学年鉴》上的文章他曾作过一些更改，但却没有修改对感应的叙述。这些事实为我们考察安培当时如何理解和对待感应实验提供了重要的线索。

在当时，安培为了保护他的分子电流理论，很想把同轴电流说否定掉。所以他把实验中由感应所产生的同轴电流也试图解释为分子电流。

安培未能发现电磁感应的原因是安培把他的分子电流理论看得太重要了，而电磁感应只是他最后才希望发现的事情。如果他承认他已经在实验中产生的同轴电流，那就会把他珍贵的理论置于无立足之地。因此，他做了他不得不做的事。他把他原来用以在同轴电流和分子电流之间作出选择的（1821 年完成的）实验变成了一项毫无意义的练习。他 1822 年的实验结论表明：无论他观察到什么，他都会坚持把它解释成分子电流，或者至少是分子大小的电流存在的证据。他完完全全成了自己理论的囚徒。

试想，如果安培把他的理论暂时放一下，而将他 1822 年在日内瓦做的实验全部准确地公布出来，那么，法拉第肯定会重复这个实验，而且凭着他的实验天资，会马上从中探索出用电流产生感应电流的必要条件，原电流和感应电流的方向，以及其他所有的与他在 1831 年独立作出的电磁感应发现中得出的结果相似的结论。这样，电磁感应有可能会提早几年得到发现，而安培也就会得到"最早发现者"的荣誉，用不着在1832年恳求分享这一荣誉了。这里人们也许可以吸取重要的教训。

钝　化

钝化，是使金属表面转化为不易被氧化的状态，而延缓金属的腐蚀速度的方法。另外，一种活性金属或合金，其中化学活性大大降低，而成为贵金属状态的现象，也叫钝化。金属的钝化也可能是自发的过程（如在金属的表面生成一层难溶解的化合物，即氧化物膜）。在工业上是用钝化剂（主要是氧化剂）对金属进行钝化处理，形成一层保护膜。

法拉第与电磁感应

法拉第出生在英国纽因敦城一个普通的铁匠家庭。13～21岁，他在书店当了8年学徒。装订书、卖书的职业，使法拉第有机会接触许多科学界人士。1812年的一天，一位常来买书的皇家学会会员送给他一张听讲券。在讲座上，法拉第聆听了当时举世闻名的化学家戴维的讲话，并深深地为科学的力量所吸引。

不久，法拉第学徒期满，在另一家印书店当了正式的装订工。新主人很赏识他，许诺让法拉第将来当书店的继承人。然而，法拉第志不在此。他鼓足勇气，写了封信给戴维，希望戴维能帮他谋到一个能够接触技术的职位。

戴维热情地接待了法拉第，劝法拉第再慎重考虑一下自己的理想。他风趣地说："科学好比一个性情怪僻的女子，你尽管对她倾注满腔热情，可是得到的报酬却极其微小！"

精诚所至，金石为开。1813年，法拉第的愿望终于实现了。他进入皇家学院实验室，给戴维当助理实验员。几个月以后，他得到了一次非常难得的学习机会——随戴维去欧洲进行学术考察。旅行给法拉第留下难忘的印象。

法拉第

他的日记里，详细记载了戴维在各地的讲学内容、实验记录，以及各国科学家的实验方法、风格特长；沿途所见的自然景象、风土人情，也引起了他莫大的兴趣。法拉第生性乐观，富于同情心，对大自然和生活在底层的劳动人民怀着深切的热爱。这次旅行，更坚定了他献身科学、造福人类的信念。

一回到伦敦，法拉第就扎实地干起实验室工作来。在两三年的时间里，经过实际锻炼，法拉第具备了出色的实验才能。在戴维的指导下，他开始走上独立研究的道路。

1816 年，25 岁的法拉第初露锋芒，在《科学季刊》上发表了第一篇化学论文。1818 年，法拉第写了一篇关于火焰的学术报告，大胆指出了名家理论的谬误。"名师出高徒"，他在戴维的引导下，刻苦钻研、勤奋工作，终于成为一个年轻有为的化学家。

1681 年夏，一艘航行在大西洋的商船遭到雷击，结果船上的 3 只罗盘全部失灵：两只退磁，另一只指针倒向。还有一次，意大利一家五金店被闪电击中，事后发现一些钢刀被磁化。由于当时连闪电的性质都没有搞清，这些现象谁也解释不了。100 多年来，电磁之谜成了许多科学家探索的目标。

1820 年，奥斯特公布了他的发现：把通电的导线放在磁针上方，磁针竟会发生偏转。这个发现立刻引起了整个物理学界的轰动。人们本来认为毫不相关的两种现象，竟有这样奇妙的关系。这个发现成了

戴 维

近代电磁学的突破口，各国科学家纷纷转向电磁研究。

法拉第完全懂得这个发现具有不可估量的意义。他决心沿着奥斯特打开的缺口，作进一步的探索。在戴维的鼓励下，青年化学家毅然闯进了电磁学这个未知的物理领地。

法拉第决定从实践中探索奥秘。他把收集到的有关电磁现象的资料，详细地进行比较研究，并且一一用实验来重新检验。实验进展很快，也很有趣。1821年夏，他在《哲学年报》上发表了有关电磁研究进展的论文。在这篇论文中，法拉第把电流对磁针的作用力称作"转动力"，虽然从理论上讲这也没有触及本质，但是他却在实验中巧妙地运用这种"转动力"，让一块磁铁绕着一条电流连续转动，或是使一条载流导体绕磁铁不停地旋转。

不久，安培发表了研究报告。法拉第同安培不谋而合。

初次成功使法拉第受到很大鼓舞。他信心更大了，决心为电磁学这门崭新的科学当个开路先锋。根据大量的实验，他确信电和磁就像铜币的图案和字样，是同一事物的两面。既然电流可以产生磁，那么为什么磁不能产生电流呢？1821年秋，法拉第在日记里写下了一个闪光的设想，"从磁产生电！"

这是一次艰苦卓绝的攀登，为了实现这个目标，法拉第经历了无数次失败，进行了长达10年的实验研究。

那是一个繁琐的实验：

用铜线在几米长的木棍上绕一个线圈，铜线外面缠着布带以便绝缘。然后在第一层线圈外面，用同样的方法绕上第二层、第三层，直至第十二层，每层之间都是绝缘的。

把第一、三、五等奇数层串联起来，再把第二、四、六等偶数层串联起来，这样就制成了两个紧密结合而又互相绝缘的组合线圈。最后，把其中一组线圈接到开关和电瓶上，另一组线圈接在电流计上。接通电源，指针不动；增加电瓶，增大电流，指针还是不动！

法拉第并没有绝望，而是在崎岖的道路上坚持不懈地进行探索。转眼之间10年过去了。

1831年是法拉第一生中最难忘的一年。这一年的秋天似乎格外晴朗。天气已经有些凉意，法拉第还是穿着那件朴素的外套，在实验室里紧张地工作。他的电学实验进入了最关键的阶段。

这时，法拉第已经把电池组增加到 120 个电瓶。这意味着初级线圈的电流同最早相比，增大了 120 倍。他用做实验的线圈，也不知更换了多少。

法拉第全神贯注地操作着，他小心翼翼地合上电闸，更大的电流通过线圈，不一会导线就发热了。法拉第转过头注视着电流计，指针像是固定了一样，还是纹丝不动。

这是为什么呢？

他复查了全部实验记录，对设计思路、实验方法也都作了反省，并且逐件检查了实验器具，连一根导线都不放过。在检查电流计的时候，法拉第无意中注意到：他每次实验都是先接通电源，再转过头来观测电流计。

问题会不会就出在这里呢？

他马上把实验台重新布置好，进行检验。这次法拉第特地把电流计摆在电源开关旁边，以便操作时他的目光可以一直监视指针。

法拉第目不转睛地盯着电流计，然后用手合上了电源开关。就在线路接通的一刹那，电流计指针跳动了一下！这个时间非常短暂，稍不留意就发现不了。法拉第过去的多次实验都忽略了这个细节，这次终于捉住了这个稍纵即逝的"一刹那"。

法拉第乘胜前进，又改进了实验仪器。

他用软铁环代替木棍的线圈的芯子，效果更明显。在断开或者接通初级线圈电流的一刹那，次级线圈连接的电流计上的指针摆动得很厉害。

法拉第开始思考了。从表面上看，这个实验是从初级电流感应出次级电流，换句话说，是从电变成电，好像同磁没有关系。但是反过来说，如果这个

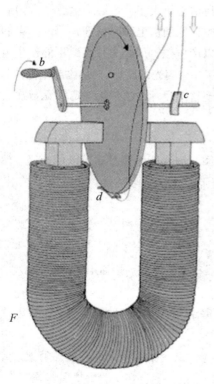

法拉第圆盘发电机

发现仅仅意味着"从电变成电"，那又有一个问题不好解释——为什么要在初级电流接上或者断开的一瞬间，次级线圈才有电流产生呢？这种初级电流的突变会不会同磁有关系呢？

为了弄清这个疑难问题，法拉第继续进行实验。几天以后，他进一步发现，如果改变初级线圈和次级线圈间的位置，或是改变初级线圈的电流强度，次级线圈也有感应电流产生。法拉第顿时明白了，一定是初级线圈的电流产生的磁的作用，使次级线圈感应出电流。为了证实这个判断，法拉第索性把初级线圈拆掉，用一块磁铁来取代它。他让磁铁穿过次级线圈环，电流计的指针也随着磁铁的运动而摆动。谜底终于被揭开了：正是运动着的磁产生了电流。这就是著名的电磁感应现象，它揭示出电和磁可以互相转化的辩证关系，为近代电磁学奠定了基础。

再说法拉第发现了"动磁生电"现象之后，很快总结它的规律：闭合电路的一部分导体在磁场里做切割磁力线的运动时，导体中就会产生电流。这一规律启发了法拉第去研制一种发电机：使导体有规律地切割磁力线，从而产生一股持续的电流来。经过几天的琢磨，1831年10月28日法拉第在他的日记本上画出了他构想的发电机草图（如图）：将一个固定在转动轴上的圆盘，放置在两个磁极之间不断地转动。显然可以把圆盘看成是许多根长度等于半径的铜狭条组成的。在转动圆盘时，每根铜条都要切割磁力线。将外电路的两端分别接到发电机的转轴和圆盘的边缘时，外电路和圆盘构成了闭合回路，电流就产生了。

法拉第的构想被实验证实了——圆盘发电机很快造出来了。一天法拉第在皇家学会表演他的发电机时，一位贵妇人冷冷地说："这玩意儿有什么用呢？"法拉第机智地回答："夫人，你不应当去问一个刚出生的婴儿会有什么出息，谁也不能预料婴儿长大成人之后会怎么样？"

电　泳

　　电泳，是在确定的条件下，带电粒子在单位电场强度作用下，单位时间内移动的距离（迁移率）为常数，是该带电粒子的物化特征性常数。不同带电粒子因所带电荷不同，或虽所带电荷相同但荷质比不同，在同一电场中电泳，经一定时间后，由于移动距离不同而相互分离。分开的距离与外加电场的电压与电泳时间成正比。在外加直流电源的作用下，胶体微粒在分散介质里向阴极或阳极做定向移动。利用电泳现象使物质分离，这种技术也叫做电泳。胶体有电泳现象，证明胶体的微粒带有电荷。各种胶体微粒的本质不同，它们吸附的离子不同，所以带有不同的电荷。

麦克斯韦和电磁场理论

1831 年 11 月 13 日，刚好在法拉第发现电磁感应不久，麦克斯韦出生在苏格兰首府爱丁堡。跟出身寒微的法拉第不同，他家学渊博，祖上有不少名流学者。父亲在乡下有产业；职业是律师，兴趣却在科学技术上，他爱设计机器、爱科学、爱提问。麦克斯韦从小受到熏陶，上中学时已才华出众，第二年考入爱丁堡大学。三年后转入剑桥大学，以甲等数学第二名的优异成绩毕业。麦克斯韦受父亲的影响，对实际问题感兴趣。他的研究题目都是怎样运用数学解决物理学、天文学或工程问题。

麦克斯韦从剑桥大学毕业后，最初研究光的色彩理论。不久他读到法拉第的电磁实验研究。用充满力线的场代替牛顿的真空，用力在场中以波的形式和有限的速度代替牛顿的超距作用，这不同凡响的大胆见解唤起了麦克斯韦的想象力，引起了他的共鸣。然而麦克斯韦也看到，法拉第的表述方法不够严格，有漏洞。正是在这里他可以大显身手，施展自己的数学才能。

麦克斯韦在电磁学论文《论法拉第的力线》中，开宗名义，第一句话是："关于电的科学，目前的状况对于思考特别不利。"麦克斯韦要改进这种状况。他运用法拉第的力线思想，把法拉第发现的种种迥然不同的现象彼此之间的内在联系，清楚地展现在数学家、物理学家们面前。要做到这一点，必须具备两方面的条件：①要澄清物理概念，建立一个物理模型，以便类比借鉴；②要运用数学工具，给出精确的数量关系。法拉第对电流周围的磁力线所作的物理描述，被麦克斯韦概括为一个矢量微分方程。这是一个良好的开端，法拉第的物理直觉能力和麦克斯韦的数学分析技巧开始会合了。

法拉第比麦克斯韦年长 40 岁，他们的出身、教育、性格、爱好截然不同。一个来自社会最低层，一个门第高贵。一个连小学也没毕业，一个是名牌大学的高才生。法拉第讲话娓娓动听，引人入胜；麦克斯韦才思敏捷，言辞锋利，却不管听的人懂不懂，只管自己发挥。一个是实验巨匠，一个是数学高手。一个善于运用直觉，把握住物理现象的本质，设计巧妙的实验、观察、记录、归纳；一个擅长建立物理模型运用数学技巧演绎、分析、提高。如果把他们两个人的特点集于一身，那就是一个理想的物理学家了。现在他们确实汇集在一起。他们坚信场的物质性，反对牛顿的超距作用；他们的目标是一致的——建立一个全新的、不从属于牛顿自然哲学体系的电磁学理论。

麦克斯韦

　　在麦克斯韦建立他的电磁理论之前，诺埃曼、韦伯等德国物理学家继承了安培的超距作用观点，对电磁现象的研究做过不少贡献，形成了电动力学的所谓大陆学派。但是，他们企图在力学的框架内理解电磁现象，提出各种复杂的相互作用"势"来描述电磁过程，理论复杂而不自然，未能建立一个统一的理论体系。而麦克斯韦则继承了法拉第的近距离作用观念，取得了决定性的进展。

　　麦克斯韦走了三大步才建立起电磁理论，前后历时10余年。他一开始就把注意力集中到法拉第的力线上。

　　1856年，他发表了电磁理论方面的第一篇论文《论法拉第的力线》。在开尔文对热传导现象、流体运动和电磁力线的类比研究的基础上，首次试图将法拉第的力线概念表述成精确的数学形式。他在文中给出了电场的已知定律的微分关系式。

　　1862年，他发表了第二篇论文《论物理的力线》。在这篇论文中，他提出一个分子涡流以太模型，通过数学计算可以得出电学和磁学中全部已知的基本定律。除此之外，麦克斯韦还在这个模型的基础上引入了"位移电流"的概念：变化电场引起介质电位移的变化，这种变化与传导电流一样在周围空间激发磁场。位移电流完全是麦克斯韦的独创（在没有任何实验提示的情况下，只是为了保证理论的自恰性——与电荷守恒定律兼容而大胆引入的）。因此，麦克斯韦电磁理论绝不仅仅是法拉第的思想的数学精确化。提出位移电流不但保证了理论的自恰性，而且使理论具有一种对移性：变化的电场在周围的空间激发涡旋磁场，变化的磁场在周围的空间激发涡旋电场，这就为脱离场源而交互变化的电场和磁场——电磁场的独立存在提供了依据。电磁场是一种新型的运动，以横波的形式在空间传播，形成所谓的电磁波。

　　1865 年，他发表了第三篇论文《电磁场的动力理论》。他不再用他过去提出的以太模型，而是通过数学解析方法，总结了以他的名字命名的电磁场基本方程——麦克斯韦方程组。由这个方程组，他推出电磁场所满足的波动方程，预言了电磁波的存在。由于算出的电磁波在真空中传播速度与真空的光速相同，麦克斯韦断言光就是频率在某一范围的电磁波，建立了光的电磁理论。这是理论和实验相结合的硕果。

　　麦克斯韦扎实的数学基础为他的成功奠定了基础。数学作为物理研究的工具是极为重要的。麦克斯韦如果没有扎实的数学功底、严密的逻辑思维能力，就不可能得出麦氏关系，这一点是不容置疑的。还要说明的是：麦克斯韦先用以太模型导出新的方程组，然后又敢于舍弃原来的力学比拟，让电磁场理论从机械论框架中解脱出来，成为独立的对象，这就是麦克斯韦的伟大之处。有人曾这样比喻：对麦克斯韦来说，机械模型就好像建筑高楼大厦时的脚手架，楼房建好之后，脚手架就一点一点地被拆掉了。这一点和我们前面提到的安培形成鲜明的对比，安培完全被自己的理论框架囚禁了，从而失去了发现电磁感应的机会。这其实是创新思维在科学发展进程中重要作用的一个典型实例，对于我们今天在教与学的过程中要进行创新思维意识的培养具有一定的启发作用。

　　麦克斯韦方程组被列入"改变世界面貌的 10 个公式"之一。当法拉第和麦克斯韦将电磁学的大厦建立起来以后，又出现了一位杰出的物理学家——赫兹。他用实验证实了电磁波的存在。之后不到 6 年时间，意大利的马可尼和俄国的波波夫就分别实现了无线电的长距离传播。无线电报、无线电广播、无线电话、电视、雷达，数不尽的无线电技术蓬勃发展起来，使人类的生活达到了空前的丰富多彩。

赫兹验证电磁波

1878年10月的一天，柏林大学冷冷清清的教学大楼突然热闹起来，底层的一间宽敞的阶梯教室里坐满了学生，连走廊里都站了人，大家都静心聆听着当代物理大师赫尔姆霍茨教授侃说电学史："由于牛顿力学的影响，人们总企图用力学的观点来解释电磁现象，企图仿照力学的理论体系来建立电磁理论。唉，这可是一条'无原的荒路'啊！"

这句话如石破天惊，引起了一阵骚动。大师接着就详尽地讲解了麦克斯韦的理论，最后满怀希望地说："他的理论高深，多数人听不懂，对'位移电流'表示怀疑，我希望在座的诸位能澄清目前种种混乱的解释，求得一个统一的理论。"

此时听众席上有位青年，原来是附近工程技术学院的学生，因慕名而来坐在前排，听完了大师高瞻远瞩的一席演说，只感到自己如大梦初醒一般，立即返回学校卷起铺盖，投师到赫尔姆霍茨门下，这位学生名叫亨·路·赫兹（1857~1894）。

赫兹1857年2月22日生于德国的汉堡市。他父亲是一位律师和政府议员，对人文科学很有造诣，他因此学会了多种语言，还学习过美术。在他中学毕业的时候，父亲把他叫到跟前，问道："孩子，该考虑考虑自己一生选择的道路了，你将来想干什

赫尔姆霍茨

么呢？"

"当工程师。"赫兹响亮地回答。父亲深知他有一双巧手，便赞许地点点头，原来赫兹有一位祖叔，特别喜欢实验科学，在他的影响下，赫兹从小就养成了动手的好习惯。上学后，家里还让他拜师学木工，学车工。锯、刨、斧、凿他样样都拿得起。后来他当上了教授，教过他的师傅还惋惜地说："唉，真可惜，他本是一个难得的车工啊！"

自从赫兹拜了赫氏为师，经过大师的点拨，学识上突飞猛进。以前他学的是工程，特长是动手。现在他贪婪地阅读拉普拉斯和拉格朗日的著作，完全陶醉在严密的逻辑推理之中。一年后赫尔姆霍茨出一道竞赛题，要求用实验来证明，沿导线运动的电荷是否具有惯性。赫兹独占鳌头，荣获金奖。1880 年赫兹获得博士学位后就留在老师的身边当了助手，负责物理实验室的工作。

赫 兹

1885 年赫兹的物理实验室有一种称为黎斯螺线管的感应线管，它有初级和次级两个线圈，彼此绝缘。他发现给初级线圈输入一个脉冲电流时，次级线圈的火花隙中常有电火花跳过。他敏锐地感到次级线圈火花隙上的电火花，是因为初级线圈电磁振荡，次级线圈受到感应的结果。于是他调整了初、次线圈的位置，发现次级线圈在某些位置上电火花特别强，而在有些位置上，电火花根本没有。这一发现使赫兹极为兴奋，他立即想到了麦克斯韦的电磁理论，一定是初级线圈激发的电磁场，越过了空间被次级线圈接收到了。也就是空中有电磁波在传播。

1886 年底至 1887 年初，赫兹对电火花现象做了进一步的研究。他把高压的电感应线圈初级与电源连接，调节感应线圈次级的两个极的位置，使两极之间发生电火花。根据麦克斯韦的理论，感应线圈上每一次电火花跳跃都会产生电磁波辐射。那么如何来捕捉这个电磁波呢？赫兹的办法十分简单。将一根粗铜丝弯成环状，并在环的两端各焊一个铜球。仔细地调节圆环的位置和方向，可以发现圆环在某些位置上两个铜球之间的空隙上闪烁起美丽的火花。这个实验成功地证明，感应线圈上发出的电磁能量，确实被辐射出来，跨越空间传到了接收器，并且被接收下来了。赫兹还用这套简单的仪器测定了电磁波的波长，通过计算发现电磁波传播的速度恰好等于光速。

1888 年赫兹公布了他的实验结果，全世界的科技人士都为之轰动。谁也没有料到用这样简单的仪器就验证了麦克斯韦的高深理论预言的电磁波的存在。赫兹被人们称颂为"电磁波的报春人"。他的导师赫尔姆霍茨对自己的得意门生也大为赞赏。说："光——这种如此重要和神秘的自然力——与另一种同样神秘或许更多地应用的力——电——有着最近的亲缘关系，令人信服地证实这种现象无疑是一项重大的成就。"并有意识地把他看做自己事业的接班人。但是天公不愿成人之美，年纪轻轻的赫兹在 1883 年开始患上了一种齿龈脓肿的病。起初他还以为不碍事，但这种病十分顽固，多次手术也只能缓解痛苦，病痛的折磨使他情绪沮丧。1893 年 12 月 4 日他预感到自己可能会早逝人世，便秉烛展书，一边流泪一边给双亲写了一封长信："假如我真发生了什么事情的话，你们不应当悲伤，但你们要感到几分自豪，想到我属于那些生命虽然短促但仍算有充分成就的优秀人物。我不想遭遇，也没有选择这样的命运，但是既然这种命运降临到我的头上我也应感到满意。"

赫兹的预感不幸应验。1894 年 1 月他在一次手术事故中猝然谢世，年仅37 岁。赫兹过早地去世给科学事业带来了巨大的损失。当赫兹发现了电磁波的存在时，他的一位好朋友吉布尔工程师曾写信给他，说自己打算用电磁波来进行无线电通讯，请赫兹在理论上出点主意。但赫兹未及深思熟虑就否定了这个富有创造性的设想。他在回信中说："如果要利用电磁波来进行无线电通讯，空中需有一面像欧洲大陆面积差不多大的反射镜才行。"如果他能活到1924 年，知道了大气中存在电离层，当然就不会作出如此草率的回答。

后来赫兹发现了电磁波在金属物体面上会反射，在通过硬沥青的三角棱镜时会折射的时候，也未来得及进一步研究这种原理的技术应用而失去了发明雷达的机会。1889 年赫兹在致力于研究电在稀薄气体中的发射时，又一次错过了发现 X 射线的机会。7 年后伦琴发现 X 射线时所用的放电管，还是赫兹的助手莱纳德提供给伦琴的呢！所以如果赫兹能多活 10 年、20 年、30 年，这几段科学史会不会需要改写呢?

电场线

　　电场线，是为了直观形象地描述电场分布，在电场中引入的一些假想的曲线。曲线上每一点的切线方向和该点电场强度的方向一致；曲线密集的地方场强强，稀疏的地方场强弱。在没有电荷的空间，电场线具有不相交、不中断的特点。应该注意，电场线不是电荷的运动轨迹。根据电场线方向能确定电荷的受力方向和加速度方向，不能确定电荷的速度方向、运动的轨迹。电场线是直线时，电荷运动速度与电场线平行，电荷运动轨迹与电场线重合。

电磁波一家
DIANCIBO YIJIA

从科学的角度来说，电磁波是能量的一种，凡是高于绝对零度的物体，都会释出电磁波。正像人们一直生活在空气中而眼睛却看不见空气一样，除光波外，人们也看不见无处不在的电磁波。电磁波就是这样一位人类素未谋面的"朋友"。电磁波是电磁场的一种运动形态。电与磁可说是一体两面，变化的电场会产生磁场（电流会产生磁场），变化的磁场则会产生电场。变化的电场和变化的磁场构成了一个不可分离的统一的场，这就是电磁场，而变化的电磁场在空间的传播形成了电磁波，电磁的变动就如同微风轻拂水面产生水波一般，因此被称为电磁波，也常称为电波。

电磁波六兄弟

在神奇的电世界里，电磁波起着巨大的作用。它为人类做了数不清的好事。

我们在前面说过，导线里有电流通过的时候，它就能够产生电场和磁场。现在我们还要进一步告诉大家：电场和磁场是互相依存、互相交替的；变化的电场在其附近产生变化的磁场，这个变化的磁场又在其附近产生新的变化的电场，新的变化的电场再在其附近产生新的变化的磁场……这样没完没了地交变下去，就越来越往外扩散，越传越远了。这个情况就好像一块小石头在池塘中激起的水波一样，不断地向周围扩散。因为它是电场和磁场交替变化而成的，所以科学家给它起个名字叫电磁波。

电磁波是一种极其奇妙的物质，我们用眼睛看不见，用耳朵听不到，用手摸不着，但是它又像别的物质一样，具有能量、动量和质量，能为我们做许多许多事情。

电磁波的运动方式，就跟把石头扔进池塘所激起的水波一样，是一圈圈波浪起伏的同心圆，高处叫波峰，低处叫波谷。两个相邻的波峰（或波谷）之间的距离叫波长。

实际上，电磁波是一个十分庞大的家族，它们是按波长的大小由许多神通广大的成员组成的。①老大是多才多艺的无线电波。它除了担任通信任务，帮助人们传递信息，还能为飞机和轮船导航，操纵火箭的发射和卫星的运行。②老二叫红外线，现在人们使用的红外线加热器，就是利用它来给人们带来能量的。人们还制成了红外线瞄准仪，狙击敌人时百发百中。③老三是个美丽的姑娘，身着七彩衣，但平时却是无色的，只有在三棱镜下才羞涩地露出它的真面目——它就是光了。④老四是个保护人类健康的卫士，可以杀菌消毒，名叫紫外线。阳光中就含有紫外线，人们就常常进行日光浴来清洁皮肤。④老五是X射线，因为它是德国物理学家伦琴发现的，所以也叫伦琴射线。它有一个"火眼金睛"，能透视人体的骨骼、内脏，察知隐患，报告病情，是医生手中的锐利武器。⑥老六是家族中的小弟弟，名则γ射线，是1898年居里夫妇发现了镭以后才发现的，别看它排行老六，本领却很大，不但能穿透厚厚的铅板，还能杀死可恶的癌细胞。

这六兄弟，除了老三可见光，都是人类肉眼看不见的。起先，它们在自然界里一个个都隐藏得很好，并且还偷偷地帮助人类干活，譬如帮助我们把潮湿的衣服弄干，让我们能够欣赏这五光十色的美丽的世界；使各种植物能够生长。人们有时也都觉得奇怪，并感到有谁在暗暗帮助我们，总想把它们找出来。随着电学和其他科学的发展，终于一个个找到了它们，熟悉了它们。它们也就成了人类的忠实的助手。

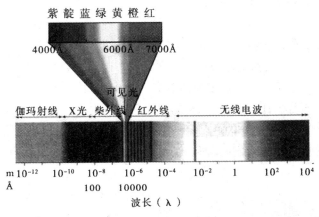

紫靛蓝绿黄橙红

4000Å　　6000Å　7000Å

可见光

伽玛射线　X光　紫外线　红外线　　　无线电波

m 10^{-12}　10^{-10}　10^{-8}　10^{-6}　10^{-4}　10^{-2}　1　10^{2}　10^{4}
Å　　　　　　　　100　　10000

波长（λ）

电磁波谱图

无线电小记

　　前面曾经介绍过，1820 年，丹麦物理学家奥斯特发现电流的磁效应。接着，学徒出身的英国物理学家法拉第明确指出，奥斯特的实验证明了"电能生磁"。他还通过艰苦的实验发现了电磁感应现象。

　　著名的科学家麦克斯韦进一步用数学公式表达了法拉第等人的研究成果，并把电磁感应理论推广到了空间。1864 年，麦氏发表了电磁场理论，成为人类历史上预言电磁波存在的第一人。

　　那么，又有谁来证实电磁波的存在呢？这个人便是赫兹。1887 年的一天，赫兹在一间暗室里做实验。他在两个相隔很近的金属小球上加上高电压，随之便产生一阵阵噼噼啪啪的火花放电。这时，在他身后放着一个没有封口的圆环。当赫兹把圆环的开口处调小到一定程度时，便看到有火花越过缝隙。通过这个实验，他得出了电磁能量可以越过空间进行传播的结论。赫兹的发现，为人类利用电磁波开辟了无限广阔的前景。

　　赫兹透过闪烁的火花，第一次证实了电磁波的存在，但他却断然否定利用电磁波进行通信的可能性。但赫兹电火花的闪光，却照亮了两个异国年轻发明家的奋斗之路。

其中一位是俄国的波波夫。

1889 年春天，当时在一所军事学校里教书的波波夫，在参加一次理化协会的例会时，看到了赫兹实验的表演。波波夫并不同意赫兹"电磁波无用"的观点。他认为，将来电磁波也可能像光波一样，在空中传播出去。为此他经过几年不懈的努力，在 36 岁时制造出一台无线电接收器。

1895 年 5 月 7 日，波波夫在彼得堡举行的一次科学会议期间，向代表们表演了这台仪器。在表演的过程中，它成功地接收到了由雷电产生的电磁波。紧接着，波波夫又加以改进，研制了一套可以真正用于通讯目的的发射机和接收机。

波波夫

1896 年 3 月 24 日，波波夫在 250 米的距离内发射了世界上第一份无线电报，并由接收机上的一个莫尔斯记录器记录了下来。电文是"海因利茨·赫兹"。波波夫就是这样以最好的形式肯定了这位发现电磁波的先驱的功绩。

几乎在和波波夫同时，意大利青年工程师马可尼也对赫兹的实验产生了兴趣，也在摸索一条无线电通讯的道路。

马可尼想，假如加强电磁波的发射能力，也许能增大它的传播距离。他在自家的菜园子里完成了几百米距离的无线电通信后，又连续干了 10 年，终于在 1895 年完成了 2000 米距离的无线电通讯。在这次实验中，他试验了采用接地天线的方法，来加强电磁波的发射能力。

马可尼发明了无线电通讯后，要求意大利政府资助。但当时的政府对于技术发明很不重视，马可尼的要求被拒绝了。于是，马可尼不得不求助于比较注重技术发明的英国。英国海军部十分重视他的发明，认为无线电通讯技术一旦成功，就可解决英国舰队的指挥调动难题，便大力资助马可尼的研究。

不久，马可尼在一次公开表演中，成功地进行了 12 千米距离的通讯。1899 年 3 月，他又出色地完成了英国和法国海岸间相隔 45 千米的无线电通讯。

现在，他要向更宏伟的目标进军了。马可尼大胆地提出横跨大西洋的无线电通讯计划。许多人对此很怀疑：在通过大西洋3700千米的遥远距离之后，电磁波是否还能收到？

马可尼在1901年12月开始实施他的计划。他在英国的康沃尔建立了一个装备有大功率发射机和先进天线设备的发射台；然后带着一名助手来到大西洋彼岸的加拿大圣约翰斯，那是预定的接收地点。他们首先安装起信号接收装置，然后用氢气球把天线高高吊起。突然氢气球爆炸了，整个计划出现了夭折的危险。

马可尼

约定的时候到了，在英国康沃尔的发射台，从12月5日起，开始连续使用60米高的天线发射无线电波。加拿大这里却是乱成一团，直到12月12日，马可尼才急中生智想出用大风筝把天线升到了121米的高空。马上，他们收到了英国发出的事先商定好的莫尔斯电码"S"。这样，无线电波越过了大西洋，人类首次实现了隔洋无线电通信。2年后，无线电话也试验成功。

1912年，发生了震惊于世的"泰坦尼克号"沉没事件。这一使1500人丧生的惨剧的发生，与船上装用的无线电报机的连续7小时故障直接有关。它使人们进一步认识到无线电通信对于人类安全的重大作用。

与此同时，无线电通信逐渐被用于战争。在第一次和第二次世界大战中，它都发挥了很大的威力，以至有人把第二次世界大战称之为"无线电战争"。

1920年，美国匹兹堡的KDKA电台进行了首次商业无线电广播。广播很快成为一种重要的信息媒体而受到各国的重视。后来，无线电广播"调幅"制发展到了"调频"制，到20世纪60年代，又出现了更富有现场感的调频立体声广播。

无线电频段有着十分丰富的资源。在第二次世界大战中，出现了一种把

KADA 在匹斯堡的演播室

微波作为信息载体的微波通信。这种方式由于通信容量大，至今仍作为远距离通信的主力之一而受到重视。在通信卫星和广播卫星启用之前，它还担负着向远地传送电视节目的任务。

今天，无线通信家族可谓"人丁兴旺"，如短波通信、对流层散射通信、流星余迹通信、毫米波通信等，都是这个家族的成员。按理来说，卫星通信、地面蜂窝移动通信也都属于无线电通信的范畴，只不过由于它们发展迅速，"家"大"业"大，人们在谈到它们时往往"另眼相看"，大有"自立门户"之势。

波动方程

波动方程，或称波方程，是一种重要的偏微分方程，它通常表述所有种类的波，例如声波、光波和水波。它出现在不同领域，例如声学、电磁学、和流体力学。波动方程的变种可以在量子力学和广义相对论中见到。赫兹在

1886年至1888年间首先通过试验验证了麦克斯韦的理论。他证明了无线电辐射具有波的所有特性，并发现电磁场方程可以用波动方程表达。

无线电家族

同电磁波一样，无线电波也是个大家庭，科学家们根据它们的身长——波长，给它们起了不同的名字，比如超长波、长波、中波、短波、超短波等。科学家们根据它们的特性量才而用，让它们去完成不同的通信任务。

超长波和长波具有较强的绕射本领，它们在地面上进行远距离赛跑时，可以迈开"长腿"，轻而易举地翻山越岭，跨过任何障碍，把人们所需的信息送到很远的地方。如果让它们沿着海面传播，由于海水的导电性能很好，"体力"消耗要少得多。所以人们用长波做远距离导航和越洋通信。

但是发射这种长波需要很大的能量，所以，发射台和无线台的体积和重量都很大，用作移动通信是不合适的。短波只会向前直闯，沿地面跑时，没过多远就消失得无影无踪了，不可能作远距离传输，但它却能跳跃式地传播到很远的地方。它所借助的跳板是电离层。电离层有种古怪的脾气，它能吸收电波，波长越长的电波越容易被吃掉，而短波却能被它反射回来，一上一下地继续前进。

从短波的传播特性来看，只要选择合适的波长，即使是发射功率很小的电台，也有可能通达很远的地方，因此它的设备简单，灵活机动。小小的无线电台，就可以深入敌后，随时

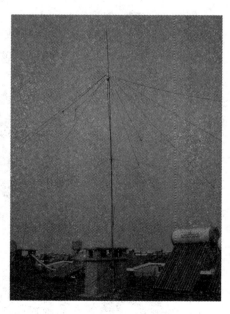

短波天线

与远方的总部联络，报告敌情，给敌人以有力的打击。军事上用的都是短波电台。短波电台还用于海上航行的船只进行远距离的移动通信。

超短波的波长在 1 ~ 10 米之间,它在地面上行走时损耗很大,传不了多远就消耗完了。如果往天上走,它会穿出电离层,再也不回地球了。它的绕射本领极差,连房子也会把它挡住。因此,只能利用它在地球上互相看得见的两点之间进行视距离通信了。手持无线电话、汽车电话等,使用的就是超短波。既然超短波只能沿直线传播,为什么我们在室内、大楼后面那些看不见对方的地方,也能使用无线电话呢?原来超短波很容易被反射,我们使用无线电话时接收的电磁波通常不是由对方天线直接出发的,而是经过许多的障碍物的反射才到达我们的接收天线的。

微波又怎样呢?

微波是电磁波家族中比较年轻的成员。"年龄"大约 50 多岁,但可谓"神通广大"。微波是指波长从 1 米到 1 毫米的电磁波段,其频率远比人们熟悉的短波和超短波的频率要高,而且微波段中可用于通信的频带也相当宽,甚至比无线电波整个波段中的其他几个可用于通信的波段的总和还要宽上千倍。因此,它能容纳的信息量特别大。它还可以穿过电离层利用通信卫星进行传输,为雷达、地面微波中继通信和卫星通信开辟了广阔的前景。

现代的千里眼——雷达,主要是依靠微波来进行工作的。雷达依靠发射

雷 达

微波来搜索目标，微波碰到目标以后被反射回来。由于电波在空间的传播速度是 30 万千米/秒，因此根据发射和接收到回波的时间差，就可以算出目标的距离。现代的雷达不但能立刻测出距离，还可以把目标的方位显示在荧光屏上。

有的雷达专门用于监测敌人的飞机和导弹。它们可以"看到"5000 千米以外的目标，叫做远程警戒雷达。把这种雷达装在人造卫星上，就可以在数万千米的高空居高临下地监视目标。只要敌人导弹一离开发射架，它马上就发出警报。

雷达能够保证船舶在茫茫的雾海中安全夜航；能够指挥飞机在机场上安全起落；能够让人们及时发现雷雨和风暴的来临，预测天气。进行天文观测的射电望远镜实质上也是一种雷达。

微波的第二大用途是遥感，即利用高空飞机或卫星上的微波设备和仪器，接收地面上各种景物辐射和反射的微波能量。人们通过分析微波遥感仪器所获得的微波图像，可进一步了解地面目标的状态和性质。这种微波遥感技术在军事上和地质勘察中占有重要的地位。

近一二十年来，由于微波器件的发展，尤其是连续波磁控管的发明，微波技术又开辟了一个新的领域，这就是微波加热技术。

微波炉

普通加热方式是将热量不断从外部传给被加热的物体，被加热物体通过热传导，不断吸收外部供给的热量而变热。这种加热方式的效率很低，加热时间长，而且在加热的过程中有大量的热量被散发到空气中而白白浪费了。微波加热炉是一个空心的金属箱，其中的微波由波导管送入箱内，微波入口处安装有电磁场搅拌器，可自动改变微波反射的方向，改善炉内超高频场的均匀性，使其加热均匀。需要加热的食品放在炉箱中央的低损耗介质板上。炉壁上开有通气孔，可排放加热过程中产生的水蒸气。

微波加热的原理很简单，用中学物理课上所学的知识即可弄懂。

被加热食物总是含水分的。水分子是一种一头带正电、一头带负电的偶极子。在通常情况下，水分子的排列是杂乱无章的，从宏观上看，它们并不呈现正负极性。但是，在微波电场的作用下，极性水分子就会顺着电场方向排列起来。所有水分子的正极统统朝向电源的负极，水分子的负极面向电源的正极。电源的正负极改变方向，水分子的正负极也随之变向。微波电场的方向每秒钟要改变数十亿次。随着高频率微波电场的快速变化，食物内部的水分子也跟着改变自己的取向而迅速地摆动起来。电场变化有多快，水分子也摆动得有多快。然而，电场变化太快时，由于水分子之间的相互作用力的拉扯，水分子要迅速掉头摆动，就必须克服相邻水分子之间的相互作用力和阻力，这就产生了类似摩擦的效应。摩擦做功的结果产生了热量。食物中的每一个水分子都不例外，都在拼命地快节奏地摇摆、发热。结果，整个食物也就同时热了起来。这种加热方式，用科学术语说，叫做高频介质加热。

从上述原理不难看出，微波加热从本质上讲，是分子一级的加热方式，被加热物体的每一个含水分的分子都是一个小小的加热器，就像操场上排列整齐的士兵，在指挥官的口令下统一行动。微波电场这个"指挥官"不会喊别的口令，只会喊"向后转"，而且每秒钟连续呼喊数十亿次"向后转！"，每个"士兵"（水分子）都以服从为天职连续"向后转"。因此，微波加热比较均匀，里外一致，不会出现"外焦而里不熟"的夹生现象，而且加热时间大大缩短，能量损耗也大大降低。

微波加热的另一个特点是加热效率高，而且被加热物体的水分越多，加热与干燥的效果也越好。微波加热还可避免热源在传输过程中的热损耗，从而提高热的有效利用率。

微波的频率可随意调节，因此，对不同性能的物体，可选择不同的微波频率来工作，使被加热（或被干燥）物品不致过热而影响质量，也不会因温度过高而破坏营养成分。

正因为微波加热具有加热快、均匀、效率高等优点，加上容易实现自动化流水线生产，因此微波加热技术被很快推广到各行各业。例如，微波加热已广泛地应用于纺织、造纸、橡胶、皮革、烟草、胶片、食品、医药、粮食、茶叶等工农业产品的烘干、脱水等。

在医疗中，微波也有用武之地。由于微波可深入皮下组织进行选择性加热，因而含水分多的组织（如肌肉）要比含水分少的组织（如骨骼）升温快，从而可促进这些组织的新陈代谢，加速血液循环，对治疗关节炎和风湿症较有疗效。利用微波在人体内的反射特性，可以对心肺进行监测，对肺气肿、肺水肿病人作出正确判断。利用微波热像仪还可以把被测部位的温度分布情况通过计算机处理成清晰的彩色热像图，从荧光屏上显示出来，从而检测出被测部位的病变情况以及其他仪器测不到的病灶。

以上仅从微波的热效应方面作了介绍。其实，微波的本领远不止这些，它更重要的用途在于微波通信、微波扫描、微波遥感等方面。未来的微波技术有可能向宇宙索取用之不竭的太阳能，即宇宙空间太阳能发电站所发的电，可通过天线以微波辐射束的形式传向地球地面站。地面站接收天线把接收到的微波辐射束转变成交流电或直流电，再输送给用户。目前，这还只是一种理论上的设想，实现起来还有许多问题要解决。例如，微波加热对大

微波图像

气层热平衡状态的破坏，对正常无线电通信的干扰，对地面人体、动物及鸟类的危害，都需要慎重考虑，认真解决。

　　总之，人们对微波已有了较深的认识，随着科学技术的发展，微波将会在更多的领域里得到应用。

红外技术的应用

　　红外线是太阳光线中众多不可见光线中的一种，由英国科学家霍胥尔于1800年发现，又称为红外热辐射。他将太阳光用三棱镜分解开，在各种不同颜色的色带位置上放置了温度计，试图测量各种颜色的光的加热效应。结果发现，位于红光外侧的那支温度计升温最快。因此得到结论：太阳光谱中，红光的外侧必定存在看不见的光线，这就是红外线。太阳光谱上红外线的波长大于可见光线，波长为0.75～1000微米。红外线可分为3部分，即近红外线，波长为0.75～1.50微米之间；中红外线，波长为1.50～6.0微米之间；远红外线，波长为6.0～1000微米之间。

遥控器

　　红外线，也常常被称为红外辐射，它是一种"人眼看不见的光"。红外线的应用非常广泛，常见的有以下几种应用：

　　在红外线区域中，对人体最有益的是4～14微米波段，它有着孕育宇宙生命生长的神奇能量，所有动植物的生存、繁殖，都是在红外线这个特定的波长下才得以进行，因此许多专家、学者称之为"生育光线"。远红外纺织品是近年来新兴的一种精密陶瓷粉经特殊加工制成，具有活化组织细胞、促进血液循环和改善微循环、提高免疫力、加强新陈代谢、消炎、除臭、止痒、抑菌等功能。

　　日常生活中众多的家用电器离不开遥控器。不少家用电器都配有红外线遥控装置。当遥控器与红外接收端口排成直线，左右偏差不超过15°时，效果最好。

现在越来越多的电子设备装配了红外端口，支持无线传输，避免了通过电缆连接的累赘。如利用红外线可通过手机上网。

利用红外线还可以防盗。由红外线发射机和红外线接收机组成，红外线发射机发射的红外线光束构成了一道人眼看不见的封锁线，当有人穿越或阻挡红外线时，接收机将会启动报警主机，报警主机收到信号后立即发出警报。

红外线开关。红外线开关有主动式和被动式。主动式红外线开关由红外发射管和接收管组成探头。当接收管接收到发射管发出的红外线时，灯关闭；人体通过挡住红外线时，灯开启。被动式红外线开关是将人体作为红外线源（人体温度通常高于周围环境温度），红外线辐射被检测到时，开启照明灯。

利用红外线摄影。据测试，在自然光辐射中红外线可达40%以上，在黑白摄影中可以通过使用特殊的滤镜从红—深红—暗红来阻挡可见光通过，

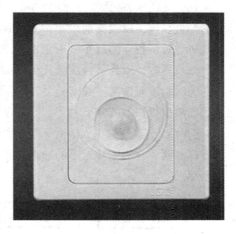

红外线开关

从而使红外线影像在胶片上感光。如"雷登87C"滤镜几乎可以阻挡全部可见光，以产生较纯的红外摄影效果，这种滤镜肉眼看去几乎不透明。具体操作时应先调好焦后再加滤镜，另外需要试拍以取得正常的曝光量。一般情况下进行红外线摄影可选用"雷登25"红镜，也可产生较比明显的红外效果。那么进行红外线摄影的理由何在呢？分析一下人眼看到最亮的物体，如蓝色的水面和天空，它们并不能反射更多的红外光，这样虽然普通黑白胶片的成像很正常，在红外线胶片就呈现出较黑的颜色。而树木和草地因叶绿素可以大量反射红外线而发白，以此来达到超乎现实的意境。红外线不仅为摄影提供了特殊的创作手法，同时由于它的透射率高，遇到雾天及烟尘远景也可以拍清楚，在科研中常用于勘探和军事侦察。利用红外线具有穿透图画表层深入颜料内部的特性，它还可以为大师们的名画判断真伪。

在漆黑的夜晚，应用红外遥感设备可以探测各种矿藏。我国利用红外遥感照片，调查了地热资源和放射性矿藏等资源。

在军事领域，红外线也能发挥重要作用，比较典型的是红外侦察和红外制导。侦察卫星携带红外成像设备可获得更多地面目标的情报信息，并能识别伪装目标和在夜间对地面的军事行动进行监视；导弹预警卫星利用红外探测器可探测到导弹发射时发动机尾焰的红外辐射并发出警报，为拦截来袭导弹提供一定的预警时间。红外制导就是利用目标本身的红外辐射来引导导弹自动接近目标，以提高命中率。据说伊拉克在攻击科威特前，为了避免美国的飞机炸毁伊拉克的战车，于是在沙漠中挖了很多地道，战时让战车躲入沙漠下的坑道内。一片黄沙滚滚让美国的飞机无法找到战车的位置。可惜沙漠中白天时温度非常高，战车又大多是金属，吸收了很多的热量。黑夜时，沙漠的表面温度很快地就降下去了，可是埋在沙土里的战车温度较四周的沙土高（热容量较大），辐射出人眼看不见的红外线。于是美国的飞机黑夜时利用红外线探测器，将每辆沙土下的战车看得一清二楚。于是一部部的战车皆被摧毁殆尽。

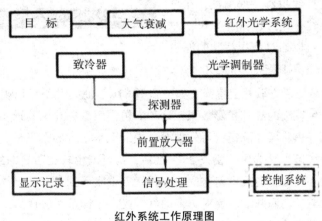

红外系统工作原理图

红外线近年来在军事、人造卫星以及工业、卫生、科研等方面的应用日益广泛，因此红外线污染问题也随之产生。红外线是一种热辐射，对人体可造成高温伤害。较强的红外线可造成皮肤伤害，其情况与烫伤相似，最初是灼痛，然后是造成烧伤。红外线对眼的伤害有几种不同情况，波长为 7500～

13000 埃的红外线对眼角膜的透过率较高，可造成眼底视网膜的伤害。尤其是 11000 埃附近的红外线，可使眼的前部介质（角膜晶体等）不受损害而直接造成眼底视网膜烧伤。波长 19000 埃以上的红外线，几乎全部被角膜吸收，会造成角膜烧伤（混浊、白斑）。波长大于 14000 埃的红外线的能量绝大部分被角膜和眼内液所吸收，透不到虹膜。只是 13000 埃以下的红外线才能透到虹膜，造成虹膜伤害。人眼如果长期暴露于红外线下可能引起白内障。因此，我们在利用红外线时，对其危害也要保持足够的警惕。

吸收光谱

　　吸收光谱，物质吸收电磁辐射后，以吸收波长或波长的其他函数所描绘出来的曲线即吸收光谱。是物质分子对不同波长的光选择吸收的结果，是对物质进行分光光度研究的主要依据。吸收光谱是温度很高的光源发出来的白光，通过温度较低的蒸汽或气体后产生的。每种元素所发射的光的频率跟它所吸收的光频率是相同的。

紫外线是把双刃剑

　　1800 年，英国物理学家赫谢耳在三棱镜光谱的红光端外发现了不可见的热射线——红外线。德国物理学家里特对这一发现极感兴趣，他坚信物理学事物具有两极对称性，认为既然可见光谱红端之外有不可见的辐射，那么在可见光谱的紫端之外也一定可以发现不可见的辐射。1801 年，他先把一张纸放在氯化银溶液中浸泡一下，然后把它放在三棱镜可见光谱的紫光区域邻近。里特发现，紫光外部地方的纸片强烈地变黑，说明纸片的这一部分受到了一种看不见的射线照射。里特把紫外线附近的不可见光叫做"去氧射线"，这就是我们所说的紫外线。他还把红光外附近的不可见光叫做"氧化射线"，也就是红外线。

　　紫外线是电磁波谱中波长从 0.01～0.40 微米辐射的总称，不能引起人们的视觉。电磁谱中波长 0.01 ~ 0.04 微米辐射，既可见光紫端到 X 射线间的辐射。紫外线根据波长分为近紫外线 UVA、远紫外线 UVB 和超短紫外线 UVC。紫外线对人体皮肤的渗透程度是不同的。紫外线的波长愈短，对人类皮肤危害越大。短波紫外线可穿过真皮，中波则可进入真皮。

在过去很长时间里，人们对紫外线的认识是模糊的，一味地防！防！防！殊不知紫外线对人体也有有益的一面。

首先，中长波紫外线的照射，可使皮肤中的脱氧胆固醇转变为维生素 D，维生素 D 可增强钙磷在体内的吸收，能帮助骨骼的生长发育，成长期的儿童多晒太阳，多在户外活动，有利于预防佝偻病。近来在白领阶层中佝偻病的发生率有所增加，这是因为白领们上下班坐车，工作环境全封闭，辛勤一周后的双休日又慵懒地不想出门。

其次，不同波长的 UVA、UVB 波段能够治疗类风湿性关节炎、红斑狼疮、银屑病、硬皮病、白癜风、玫瑰糠疹和皮肤 T 细胞性淋巴瘤等皮肤病。仅对红斑狼疮的治疗研究表明，用紫外线治疗的病人可以显著减轻症状和减少综合征发生的危险，而且随着治疗时间的延长，治疗的有效性不断增强。

再次，紫外线还可使微生物细胞内核酸、原浆蛋白发生化学变化，用以杀灭微生物，对空气、水、污染物体表面进行消毒灭菌。

紫外线（UV）消毒是一种高效、安全、环保、经济的技术，能够有效地灭活致病病毒、细菌和原生动物，而且几乎不产生任何消毒副产物。因此，在净水、污水、回用水和工业水处理的消毒中，UV 逐渐发展成为一种最有效的消毒技术。由于紫外线具有对隐孢子虫的高效杀灭作用和不产生副产物等特点，使其在给水处理中显示了很好的市场潜力。

给排水消毒方法可分为 2 大类，即化学消毒法和物理消毒法。化学消毒法有加氯消毒和臭氧消毒等；物理消毒法有紫外线消毒等。化学消毒法一般都会产生消毒副产物，而紫外线消毒是惟一不会产生消毒副产物的方法，不会造成二次污染问题。

当然，紫外线的危害是不容忽视的。

近年来，由于平流层臭氧遭到日趋严重的破坏，地面接收的紫外线辐射量增多，引起人们广泛的关注。为此，世界各国的环境科学家都提醒人们应该十分注意紫外线辐射对人体的危害并采取必要的预防措施。当皮肤受到紫外线的照射时，人体表皮层中的黑色素细胞开始产生黑色素来吸收紫外线，以防止皮肤受到伤害，长时间的紫外线照射会引起大量黑色素沉积在表皮层中，成为永久性的"晒黑"痕迹。人们现在都已经普遍地认识到，过多地遭受紫外线辐射后容易引起皮肤癌和白内障。有资料报道，皮肤癌的发生率，在澳大利亚是10万人中有800人；在美国是10万人中有250人；在日本据估计目前大约是

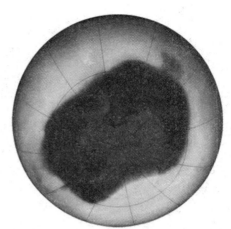

南极上方的臭氧层空洞

10万人中有5人。日本的环境和医学专家警告人们，或许不久，日本也会达到欧美和澳大利亚这样的皮肤癌的发生率的，出现这种危险的状况只是时间迟早的问题。在中国，虽然到目前为止还没有皮肤癌发生率的确切统计和报道，但是，国外的经验和教训告诉我们，对此是必须给予充分重视的。

此外，紫外线辐射还会促使各种有机和无机材料的加速化学分解和老化；海洋中的浮游生物也会因紫外线的照射而使生长受到影响甚至死亡；紫外线辐射对包括人在内的各种动植物的生理和生长、发育带来严重危害和影响。

紫外线指数预报是一种在日常生活中十分有用的预报，按照预报发布的紫外线指数，就可以主动地采取一些措施，对紫外线加以预防。当然，紫外线也并不是一个十分恐惧的东西，也不要片面地被紫外线预报所左右。根据发布的紫外线指数，既要采取有效的方法，预防过多地照射紫外线，也要在合适的时间段里有效地利用好紫外线。在一天中紫外线照射强度并不是不变的，一天中最需要注意的时间是从上午10时起至下午3时左右，当然，根据天气变化，紫外线照射量也是在变化的，所以也应该注意每天的天气变化，并根据天气的变化，注意在哪个时间段里应该特别小心。

 知识点

虾青素

虾青素，从河螯虾外壳、牡蛎和鲑鱼中发现的一种红色类胡萝卜素，在体内可与蛋白质结合而呈青、蓝色。有抗氧化、抗衰老、抗肿瘤、预防心脑血管疾病作用。自然界虾青素是由藻类、细菌和浮游植物产生的，是迄今为止人类发现自然界最强的抗氧化剂，其抗氧化活性远远超过现有的抗氧化剂。2009 年 10 月，德、意科学家发现虾青素能有效地消除紫外线 UVA 对皮肤细胞的伤害。

X 射线与放射性物质

1895 年 11 月 8 日是一个星期五。晚上，德国慕尼黑伍尔茨堡大学的整个校园都沉浸在一片静悄悄的气氛当中，大家都回家度周末去了。但是还有一个房间依然亮着灯光。灯光下，一位年过半百的学者凝视着一叠灰黑色的照相底片在发呆，仿佛陷入了深深的沉思……

他在思索什么呢？原来，这位学者以前做过一次放电实验，为了确保实验的精确性，他事先用锡纸和硬纸板把各种实验器材都包裹得严严实实，并且用一个没有安装铝窗的阴极管让阴极射线透出。可是现在，他却惊奇地发现，对着阴极射线发射的一块涂有氰亚铂酸钡的屏幕（这个屏幕用于另外一个实验）发出了光，而放电管旁边这叠原本严密封闭的底片，现在也变成了灰黑色—这说明它们已经曝光了！

这个一般人很快就会忽略的现象，却引起了这位学者的注意，使他产生了浓厚的兴趣。他想：底片的变化，恰恰说明放电管放出了一种穿透力极强的新射线，它甚至能够穿透装底片的袋子！一定要好好研究一下。不过——既然目前还不知道它是什么射线，于是取名"X 射线"。

于是，这位学者开始了对这种神秘的 X 射线的研究。

他先把一个涂有磷光物质的屏幕放在放电管附近，结果发现屏幕马上发出了亮光。接着，他尝试着拿一些平时不透光的较轻物质——书本、橡皮板和木板——放到放电管和屏幕之间去挡那束看不见的神秘射线，可是谁也不能把它挡住，在屏幕上几乎看不到任何阴影，它甚至能够轻而易举地穿透15毫米厚的铝板！直到他把一块厚厚的金属板放在放电管与屏幕之间，屏幕上才出现了金属板的阴影——看来这种射线还是没有能力穿透太厚的物质。实验还发现，只有铅板和铂板才能使屏幕不发光，当阴极管被接通时，放在旁边的照相底片也将被感光，即使用厚厚的黑纸将底片包起来也无济于事。

接下来更为神奇的现象发生了，当这位学者小心翼翼地伸出手掌，试图挡在放电管与屏幕之间时，他居然发现自己的手骨和手的轮廓被

伦 琴

清晰地映射到了屏幕的上面。原来这是这种射线一个更为奇特的性质：具有相当强度的 X 射线，可以使肌体内的骨骼在磷光屏幕或者照相底片上投下阴影！

这一发现对于医学的价值可是十分重要的，它就像给了人们一副可以看穿肌肤的"眼镜"，能够使医生的"目光"穿透人的皮肉透视人的骨骼，清楚地观察到活体内的各种生理和病理现象。根据这一原理，后来人们发明了 X 光机，X 射线已经成为现代医学中一个不可缺少的武器。当人们不慎摔伤之后，为了检查是不是骨折了，不是总要先到医院去"照一个片子"吗？这就是在用 X 射线照相啊！

这位学者虽然发现了 X 射线，但当时的人们——包括他本人在内，都不知道这种射线究竟是什么东西。直到20世纪初，人们才知道 X 射线实质上是一种比光波更短的电磁波，它不仅在医学中用途广泛，成为人类战胜许多疾病的有力武器，而且还为今后物理学的重大变革提供了重要的证据。正因为这

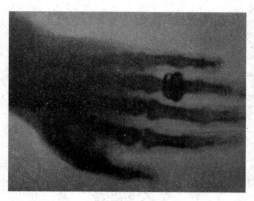

伦琴拍摄的第一张 X 线片

些原因，在 1901 年诺贝尔奖的颁奖仪式上，这位学者成为世界上第一个荣获诺贝尔奖物理奖的人。

噢，忘记说了，既然"方程"已经解出来了，这种神秘的 X 射线后来就有了一个正式的名字——伦琴射线。而伦琴，当然就是发现这种神秘射线的学者的名字啦！

X 射线，又称伦琴射线，它是一种波长很短的电磁辐射，其波长约为（20±0.06）×10^{-8}厘米之间，是一种波长介于 紫外线 和 γ 射线间的电磁波。伦琴射线具有很高的穿透本领，能透过许多对可见光不透明的物质，如墨纸、木料等。这种肉眼看不见的射线可以使很多固体材料发生可见的荧光，使照相底片感光以及空气电离等效应，波长越短的 X 射线能量越大，叫做硬 X 射线，波长长的 X 射线能量较低，称为软 X 射线。

产生 X 射线的最简单方法是用加速后的电子撞击金属靶。撞击过程中，电子突然减速，其损失的动能会以光子形式放出，形成 X 光光谱的连续部分，称之为制动辐射。通过加大加速电压，电子携带的能量增大，则有可能将金属原子的内层电子撞出。于是内层形成空穴，外层电子跃迁回内层填补空穴，同时放出波长在 0.1 纳米左右的光子。由于外层电子跃迁放出的能量是量子化的，所以放出的光子的波长也集中在某些部分，形成了 X 光谱中的特征线，此称为特性辐射。

此外，高强度的 X 射线亦可由同步加速器或自由电子激光产生。同步辐射光源，具有高强度、连续波长、光束准直、极小的光束截面积并具有时间脉波性与偏振性，因而成为科学研究最佳之 X 光光源。

伦琴的发现还开创了另一研究领域，即放射现象的领域。既然 X 射线能对磷光质发生显著的效应，人们很自然地就会提出这样的问题，这种磷光质或其他天然物体，是否也可以产生类似于 X 射线那样的射线呢？在这一研究中首先获得成功的是法国物理学家亨利·柏克勒尔。

1896年2月，柏克勒尔把铀盐和密封的底片，一起放在晚冬的太阳光下，一连曝晒了好几个小时。晚上，当他从暗室里大喊大叫着冲出来的时候，他激动得快要发疯了，他所梦寐以求的现象终于出现：铀盐使底片感了光！他又一连重复了好几次这样的实验，后来，他又用金属片放在密封的感光底片和铀盐之间，发现X射线是可以穿透它们使底片感光的。如果不能穿透金属片就不是X射线。这样做了几次以后，他发现底片感光了，X射线穿透了他放置的铝片和铜片。这似乎更加证明，铀盐这种荧光物质在照射阳光之后，除了发出荧光，也发出了X射线。1896年2月24日，柏克勒尔把上述成果在科学院的会议上作了报告。但是，大约只过了五六天，事情就出人意料地发生了变化。柏克勒尔正想重做以上的实验时，连续几天的阴雨天，太阳躲在厚厚的云层里，怎么喊也喊不出来，他只好把包好的铀盐连同感光底片一起锁在了抽屉里。

1896年3月1日，他试着冲洗和铀盐一起放过的底片，发现底片照常感光了。铀盐不经过太阳光的照射，也能使底片感光。善于留心实验细节的柏克勒尔一下子抓住了问题的症结。从此，他对自己在2月24日的报告，产生了怀疑，他决心一切推倒重来。

这次，他又增加了另外几种荧光物质。实验结果再度表明，铀盐使照相底片感光，与是否被阳光照射没有直接的关系。柏克勒尔推测，感光必是铀盐自发地发出某种神秘射线造成的。

此后，柏克勒尔便把研究重心转移到研究含铀物质上面来了。他发现所有含铀的物质都能够发射出一种神秘的射线，他把这种射线叫做"铀射线"。

3月2日，他在科学院的例会上报告了这一发现。他是含着喜悦的泪水向与会者报告这一切的。

后来经研究他又发现，铀盐所发出的射线，不光能够使照相底片感光，还能够使气体发生电离，放电激发温度变化。铀以不同的化合物存在，对铀发出的射线都没有影响，只要化学元素铀存在，就有放射性存在。柏克勒尔的发现，被称作"柏克勒尔现象"，后来吸引了许多物理学家来研究这一现象。

1899年，柏克勒尔当选为法国科学院院士，此外他还是伦敦皇家学会、柏林科学院等许多科学协会的成员。

居里夫人

在放射性发现的初期，人们对它的危害毫无认识，因此也谈不上什么防御了。柏克勒尔就是在毫无防御的条件下，长期接触放射性物质，致使健康受到严重的损害。他刚过 50 岁，身体就垮了，医生劝他迁居疗养。但对科学着了迷的柏克勒尔怎么也舍不得离开实验室。他对医生说："除非把我的实验室搬到我疗养的地方，否则我决不离开。"

1908 年夏，他的病情恶化，8 月 25 日黎明，逝世于克罗西克，是第一位被放射物质夺去生命的科学家。

柏克勒尔发现了天然放射性元素铀，还未及深究其中的奥秘即被这种放射物夺去了生命。但是他提出的问题却引起一个波兰青年女子的注意，这就是波兰出生，后来移居法国的女物理学家居里夫人。她挺身而出，冲向研究铀矿石的最前沿。没有多久，皮埃尔·居里也加入了妻子的行列。他们不知吃了多少苦头，才相继提炼出钋、镭等放射性元素，引起了全人类的高度重视。

居里夫人也因为这一卓越的研究工作，荣获了 1903 年诺贝尔物理学奖，1911 年诺贝尔化学奖也授予了她。她成了一生中 2 次获诺贝尔奖的少数科学家之一。

X 射线的发现，把人类引进了一个完全陌生的微观国度。X 射线的发现，直接地揭开了原子的秘密，为人类深入到原子内部的科学研究，打破了坚冰，开通了航道。

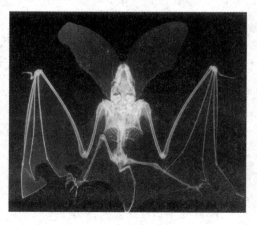

蝙蝠的 X 光透视照片

伦琴发现 X 射线后仅仅几个月时间内，它就被应用于医学影像。1896 年 2 月，苏格兰医生约翰·麦金泰尔在格拉斯哥皇家医院设立了世界上第一个放射科。

放射医学是医学的一个专门领域，它使用放射线照相术和其他技术产生诊断图像。的确，这可能是 X 射线技术应用最广泛的地方。X 射线的用途

医用 X 射线机

主要是探测骨骼的病变，但对于探测软组织的病变也相当有用。常见的例子有胸腔 X 射线，用来诊断肺部疾病，如肺炎、肺癌或肺气肿；而腹腔 X 射线则用来检测肠道梗塞、自由气体（由于内脏穿孔）及自由液体。某些情况下，使用 X 射线诊断还存在争议，例如结石（对 X 射线几乎没有阻挡效应）或肾结石（一般可见，但并不总是可见）。

借助计算机，人们可以把不同角度的 X 射线影像合成成三维图像，在医学上常用的电脑断层扫描（CT 扫描）就是基于这一原理。

居里点

居里点，也称居里温度或磁性转变点，是指材料可以在铁磁体和顺磁体之间改变的温度，即铁电体从铁电相转变成顺电相引起的相变温度，也可以说是发生二级相变的转变温度。低于居里点温度时该物质成为铁磁体，此时和材料有关的磁场很难改变。当温度高于居里点温度时，该物质成为顺磁体，磁体的磁场很容易随周围磁场的改变而改变。这时的磁敏感度约为 10^{-6}。

强大的伽马射线

γ 射线，又称 γ 粒子流，中文音译为伽马射线。

γ 射线是一种波长短于 0.2 埃的电磁波。首先由法国科学家 P. V. 维拉德发现，是继 α、β 射线后发现的第三种原子核射线。它是一种强电磁波，它的波长比 X 射线还要短，一般波长小于 0.001 纳米。在原子核反应中，当原子核发生 α、β 衰变后，往往衰变到某个激发态，处于激发态的原子核仍是不稳定的，并且会通过释放一系列能量使其跃迁到稳定的状态，而这些能量的释放是通过射线辐射来实现的，这种射线就是 γ 射线。

核爆炸

γ 射线具有极强的穿透本领。人体受到 γ 射线照射时，γ 射线可以进入到人体的内部，并与体内细胞发生电离作用，电离产生的离子能侵蚀复杂的有机分子，如蛋白质、核酸和酶，它们都是构成活细胞组织的主要成分，一旦它们遭到破坏，就会导致人体内的正常化学过程受到干扰，严重的可以使细胞死亡。

人类观察太空时，看到的为"可见光"，然而电磁波谱的大部分是由不同辐射组成的，当中的辐射的波长有较可见光长，亦有较短，大部分单靠肉眼并不能看到。通过探测伽马射线能提供肉眼所看不到的太空影像。

在太空中产生的伽马射线是由恒星核心的核聚变产生的，因为无法穿透地球大气层，因此无法到达地球的低层大气层，只能在太空中被探测到。太空中的伽马射线是在 1967 年由一颗名为"维拉斯"的人造卫星首次观测到的。从 20 世纪 70 年代初由不同人造卫星所探测到的伽马射线图片，提供了关于几百颗此前并未发现到的恒星及可能的黑洞。于 90 年代发射的人造卫星（包括康普顿伽马射线观测台），提供了关于超新星、年轻星团、类星体等不同的天文信息。

在军事上，γ射线强具有很大的威力。一般来说，核爆炸（比如原子弹、氢弹的爆炸）的杀伤力量由4个因素构成：冲击波、光辐射、放射性污染和贯穿辐射。其中贯穿辐射则主要由强γ射线和中子流组成。由此可见，核爆炸本身就是一个γ射线光源。通过结构的巧妙设计，可以缩小核爆炸的其他硬杀伤因素，使爆炸的能量主要以γ射线的形式释放，并尽可能地延长γ射线的作用时间（可以为普通核爆炸的3倍），这种核弹就是γ射线弹。

与其他核武器相比，γ射线的威力主要表现在以下2个方面：

（1）γ射线的能量大。由于γ射线的波长非常短，频率高，因此具有非常大的能量。高能量的γ射线对人体的破坏作用相当大，当人体受到γ射线的辐射剂量达到200～600雷姆时，人体造血器官如骨髓将遭到损坏，白血球严重地减少，内出血、头发脱落，在2个月内死亡的概率为0～80%；当辐射剂量为

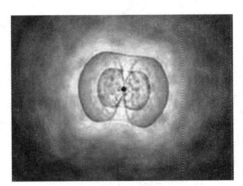

γ射线弹

600～1000雷姆时，在2个月内死亡的概率为80%～100%；当辐射剂量为1000～1500雷姆时，人体肠胃系统将遭破坏，发生腹泻、发烧、内分泌失调，在两周内死亡概率几乎为100%；当辐射剂量为5000雷姆以上时，可导致中枢神经系统受到破坏，发生痉挛、震颤、失调、嗜眠，在2天内死亡的概率为100%。

（2）γ射线的穿透本领极强。γ射线是一种杀人武器，它比中子弹的威力大得多。中子弹是以中子流作为攻击的手段，但是中子的产额较少，只占核爆炸放出能量的很小一部分，所以杀伤范围只有500～700米，一般作为战术武器来使用。γ射线的杀伤范围，据说为方圆100万平方千米，这相当于以阿尔卑斯山为中心的整个南欧。因此，它是一种极具威慑力的战略武器。

γ射线弹除杀伤力大外，还有2个突出的特点：①γ射线弹无需炸药引爆。一般的核弹都装有高爆炸药和雷管，所以贮存时易发生事故。而γ射线弹则没有引爆炸药，所以平时贮存安全得多。②γ射线弹没有爆炸效应。进

行这种核试验不易被测量到，即使在敌方上空爆炸也不易被觉察。因此 γ 射线弹是很难防御的，正如美国前国防部长科恩在接受德国《世界报》的采访时说，"这种武器是无声的，具有瞬时效应。"可见，一旦这个"悄无声息"的杀手闯入战场，将成为影响战场格局的重要因素。

光电效应

光电效应，是物理学中一个重要而神奇的现象，在光的照射下，某些物质内部的电子会被光子激发出来而形成电流，即光生电。光电现象由德国物理学家赫兹于 1887 年发现，而正确的解释为爱因斯坦所提出。科学家们对光电效应的深入研究对发展量子理论起了根本性的作用。γ 光子与介质的原子相互作用时，整个光子被原子吸收，其所有能量传递给原子中的一个电子。该电子获得能量后就离开原子而被发射出来，称为光电子。光电子的能量等于入射 γ 光子的能量减去电子的结合能。

有磁性的地球
YOU CIXING DE DIQIU

为什么磁体能指南北呢？原来地球是一个巨大的天然磁体，它的磁场与条形磁体的磁场一样。地磁场对人类的生产、生活都有重要意义。行军、航海利用地磁场对指南针的作用来定向。人们还可以根据地磁场在地面上分布的特征寻找矿藏。地磁场的变化能影响无线电波的传播。当地磁场受到太阳黑子活动而发生强烈扰动时，远距离通讯将受到严重影响，甚至中断。假如没有地磁场，从太阳发出的强大的带电粒子流（通常叫太阳风），就不会受到地磁场的作用发生偏转而直射地球。在这种高能粒子的轰击下，地球的大气成分可能不是现在的样子，生命将无法存在。所以地磁场这顶"保护伞"对我们来说至关重要。

庞大的地磁场

众所周知，在地球上任何地方放一个小磁针，让其自由旋转，当其静止时，磁针的 N 极总指向地理北极，这是因为地球本身是一个大磁体，在地球周围存在地磁场。地磁的 S 极在地理北极附近，地磁的 N 极在地理南极附近。整个地球类似于一个巨大的条形磁铁。地球周围的磁场方向由南指向北。据此，地球表面上，赤道附近地磁场方向呈水平指向北，北极附近呈竖直向下，南极附近呈竖直向上。地磁场分布广泛，从地核到空间磁层边缘处处存在。

地磁场的形成具有一定特殊性，按照旋转质量场假说，地球在自转过程中产生磁场。但是，从运动相对性的观点考虑，居住在地球上的人是不应该感受到地磁场的，因为人静止于地球表面，随地球一同转动，所以地球上的人是无法感觉到地球自转产生的磁场效应的。

通常所说的地磁场只能算作地球表面磁场，并不是地球的全球性磁场（又称空间磁场），它是由地核旋转形成的。地球的内部结构可分为地壳、地幔和地核。美国科学家在试验中发现，地球内外的自转速度是不一样的，地核的自转速度大于地壳的自转速度。也就是说，地球表面的人虽然感觉不到地球的自转，但却能感觉到地核旋转所产生的质量场效应，就是它产生了地球的表面磁场。科学家在研究中还发现，地核的自转轴与地球的自转轴不在一条直线上，所以由地核旋转形成的地磁场两极与地理两极并不重合，这就是地磁场磁偏角的形成原因。

地球磁场是偶极型的，近似于把一个磁铁棒放到地球中心，使它的 N 极大体上对着南极而产生的磁场形状。当然，地球中心并没有磁铁棒，而是通过电流在导电液体核中流动的发电机效应产生磁场的。

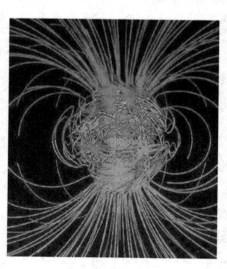

地球磁场示意图

地球磁场不是孤立的，它受到外界扰动的影响，比如太阳风的影响。宇宙飞船就已经探测到太阳风的存在。太阳风是从太阳日冕层向行星际空间抛射出的高温高速低密度的粒子流，主要成分是电离氢和电离氦。

因为太阳风是一种等离子体，所以它也有磁场。太阳风磁场对地球磁场施加作用，好像要把地球磁场从地球上吹走似的。尽管这样，地球磁场仍有效地阻止了太阳风的长驱直入。在地球磁场的反抗下，太阳风绕过地球磁场，继续向前运动，于是形成了一个被太阳风包围的、彗星状的地球磁场区域，这就是磁层。

地球磁层位于地面 600 ~ 1000 千米高处，磁层的外边界叫磁层顶，离地面 5 万 ~ 7 万千米。在太阳风的压缩下，地球磁力线向背着太阳一面的空间延伸得很远，形成一条长长的尾巴，称为磁尾。在磁赤道附近，有一个特殊的界面，在界面两边，磁力线突然改变方向，此界面称为中性片。中性片上的磁场强度微乎其微，厚度大约有 1000 千米。中性片将磁尾部分成 2 部分：北面的磁力线向着地球，南面的磁力线离开地球。

1967 年发现，在中性片两侧约 10 个地球半径的范围里，充满了密度较大的等离子体，这一区域称作等离子体片。当太阳活动剧烈时，等离子片中的高能粒子增多，并且快速地沿磁力线向地球极区沉降，于是便出现了千姿百态、绚丽多彩的极光。由于太阳风以高速接近地球磁场的边缘，便形成了一个无碰撞的地球弓形激波的波阵面。波阵面与磁层顶之间的过渡区叫做磁鞘，厚度为 3 ~ 4 个地球半径。

地球磁层是一个颇为复杂的问题，其中的物理机制有待于深入研究。磁层这一概念近来已从地球扩展到其他行星。甚至有人认为中子星和活动星系核也具有磁层特征。

需要说明的是，地理的南北方和地磁的南北极并不是一个概念。物理南北极是指一个磁体的磁性最强的两端，任何一个磁体都有两极，物理南极或物理北极不能单独存在。地球也就是这样一个磁体，两极位于两端。地理南北极位于地球两端，是最南最北端，而习惯上人们把指南针北极指的方向称为北方，南方反之。

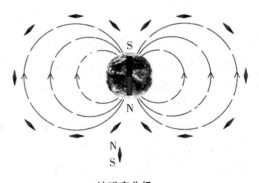

地磁南北极

根据物理中异名磁极相吸引的道理，指南针北极指的方向实际上是地球这个大磁体的南极。因此，我们所说的地理北极是地磁南极，地理南极是地磁北极。

另外，在地面上静止的小磁针并不指向正南北方向，说明地磁的 N、S 极与地理的南、北极并不完全重合，即存在磁偏角。我们把小磁针静止时的指向与地理上的南北方向所成的角度，叫做磁偏角。例如上海的磁偏角是3°13′，即在上海，地磁场的方向与地理上的南北方向成3°13′的角度。不同的地理位置，磁偏角不同，在北京的磁偏角是4°18′，在广州的磁偏角是0°47′。

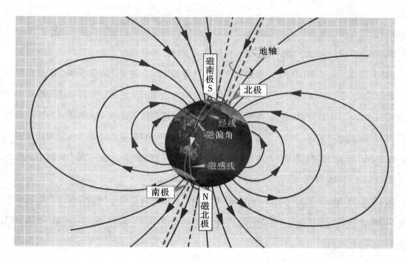

磁偏角

历史上，第一个提出地磁场理论概念的是英国人吉尔伯特。他在1600年提出一种论点，认为地球自身就是一个巨大的磁体，它的两极和地理两极相重合。这一理论确立了地磁场与地球的关系，指出地磁场的起因不应该在地球之外，而应在地球内部。

1893年，数学家高斯在他的著作《地磁力的绝对强度》中，从地磁成因于地球内部这一假设出发，创立了描绘地磁场的数学方法，从而使地磁场的测量和起源研究都以用数学理论来表示。但这仅仅是一种形式上的理论，并没有从本质上阐明地磁场的起源。

现在科学家们已基本掌握了地磁场的分布与变化规律，但是，对于地磁场的起源问题，学术界却一直没有找到一个令人满意的答案。

通常物质所带的正电和负电是相等数量的，但由于地球核心物质受到的压力较大，温度也较高，约6000℃，内部有大量的铁磁质元素，物质变成带电量不等的离子体，即原子中的电子克服原子核的引力，变成自由电子，加上由于地核中物质受着巨大的压力作用，自由电子趋于朝压力较低的地幔，使地核处于带正电状态，地幔附近处于带负电状态，情况就像是一个巨大的"原子"。

科学家相信，由于地核的体积极大，温度和压力又相对较高，使地层的导电率极高，使得电流就如同存在于没有电阻的线圈中，可以永不消失地在其中流动，这使地球形成了一个磁场强度较稳定的南北磁极。另外，电子的分布位置并不是固定不变的，并会因许多的因素影响下会发生变化，再加上太阳和月亮的引力作用，地核的自转与地壳和地幔并不同步，这会产生一强大的交变电磁场，地球磁场的南北磁极因而发生一种低速运动，造成地球的南北磁极翻转。

太阳和木星亦具有很强的磁场，其中木星的磁场强度是地球磁场的20～40倍。太阳和木星上的元素主要是氢和少量的氦、氧等这类较轻的元素，与地球不同，其内部并没有大量的铁磁质元素，那么，太阳和木星的磁场为何比地球还强呢？木星内部的温度约为30000℃，压力也比地球内部高得多，太阳内部的压力、温度还要更高。这使太阳和木星内部产生更加广阔的电子壳层，再加上木星的自转速度较快，其自转1周的时间约10小时，故此其磁场强度自然也要比地球的强。

事实上，如果天体的内部温度够高，则天体的磁场强度与其内部是否含有铁、钴、镍等铁磁质元素无关。由于太阳、木星内部的压力、温度远高于地球，因此，太阳、木星上的磁场要比地球磁场强的多。而火星、水星的磁场比地球磁场弱，则说明火星、水星内部的压力、温度远低于地球。

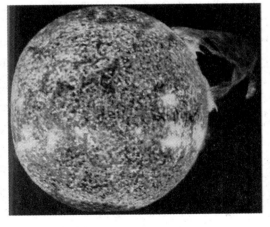

太阳磁场

关于地球磁场的形成原因，一种关于地球磁场成因的假说认为：地球磁场的形成原因和其他行星的磁场的形成原因是类似的，地球或其他行星由于某种原因而带上了电荷或者导致各个圈层间电荷分布不均匀。这些电荷由于随行星的自转而做圆周运动，由于运动的电荷就是电流，电流必然产生磁场。这个产生的磁场就是行星的磁场，地球的磁场也是类似的原因产生的。这个假说和各个行星磁场的有无和强弱现象符合得非常完美。

 **知识点**

均匀磁化

均匀磁化，磁性体内各部分磁性均匀（各处磁化强度 M 大小相等、方向相同）称为均匀磁化。这时磁性体的总磁矩 m 可写成：$m = M \cdot v$（v 是磁性体体积，M 是一个不变的矢量）。自然界地下磁性岩体或矿体在组分较均匀、形状不复杂的情况下，被均匀的地磁场磁化，磁性是均匀的。即使由于组分不同，局部看来并非均匀磁化，但因在地下有一定埋深，这种不均匀性在地表看来并不显著，仍可认为是均匀磁化。

麻烦的磁暴

当太阳表面活动旺盛，特别是在太阳黑子极大期时，太阳表面的闪焰爆发次数也会增加，闪焰爆发时会辐射出 X 射线、紫外线、可见光及高能量的质子和电子束。其中的带电粒子（质子、电子）形成的电流冲击地球磁场，引发短波通讯所称的磁暴。所谓强烈是相对各种地磁扰动而言。其实地面地磁场变化量较其平静值是很微小的。在中低纬度地区，地面地磁场变化量很少有超过几百纳特的（地面地磁场的宁静值在全球绝大多数地区都超过 3 万纳特）。一般的磁暴都需要在地磁台用专门仪器做系统观测才能发现。

磁暴是常见现象。不发生磁暴的月份是很少的，当太阳活动增强时，可能一个月发生数次。有时一次磁暴发生 27 天（一个太阳自转周期）后，又有磁暴发生。这类磁暴称为重现性磁暴。重现次数一般为一两次。

磁暴能改变人造地球卫星的姿态，比如它能改变卫星上遥感器的探测方向。大磁暴还会影响定位、导航和短波通讯，但一般不会影响手机。大磁暴产生的附加电流对电力系统会有一定影响。此外，出现大磁暴时，放飞的鸽子会因迷路而回不了家，因为鸽子是沿磁力线飞行的，而大磁暴会改变磁力线的方向。据了解，在太阳活动比较剧烈的时候，突发性大磁暴就比较多。

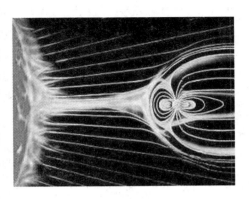

磁　暴

19 世纪 30 年代，C. F. 高斯和韦伯建立地磁台站之初，就发现了地磁场经常有微小的起伏变化。1847 年，地磁台开始有连续的照相记录。1859 年 9 月 1 日，英国人卡林顿在观察太阳黑子时，用肉眼首先发现了太阳耀斑。第二天，地磁台记录到 700 纳特的强磁暴。这个偶然的发现和巧合，使人们认识到磁暴与太阳耀斑有关，还发现磁暴时极光十分活跃。19 世纪后半期磁暴研究主要是积累观测资料。

20 世纪初，挪威的 K. 伯克兰从第一次国际极年（1882～1883）的极区观测资料，分析出引起极光带磁场扰动的电流主要是在地球上空，而不在地球内部。为解释这个外空电流的起源以及它和极光、太阳耀斑的关系，伯克兰和 F. C. M. 史笃默相继提出了太阳微粒流假说。到 30 年代，磁暴研究成果集中体现在查普曼·费拉罗磁暴理论中，他们提出地磁场被太阳粒子流压缩的假说，被后来观测所证实。

50 年代之后，实地空间探测不但验证了磁暴起源于太阳粒子流的假说，并且发现了磁层，认识了磁暴期间磁层各部分的变化。对磁层环电流粒子的存在及其行为的探测，把磁暴概念扩展成了磁层暴。

磁暴和磁层暴是同一现象的不同名称，强调了不同侧面。尽管磁暴的活动中心是在磁层中，但通常按传统概念对磁暴形态的描述仍以地面地磁场的变化为代表。这是因为，人们了解得最透彻的仍是地面地磁场的表现。

在磁暴期间，地磁场的磁偏角和垂直分量都有明显起伏，但最具特征的是水平分量 H。磁暴进程多以水平分量的变化为代表。大多数磁暴开始时，在全球大多数地磁台的磁照图上呈现出水平分量的一个陡然上升。在中低纬度台站，其上升幅度约 10~20 纳特。这称为磁暴急始，记为 SSC 或 SC。急始是识别磁暴发生的明显标志。有急始的磁暴称为急始型磁暴。高纬台站急始发生的时刻较低纬台站超前，时间差不超过 1 分钟。

磁暴开始急，发展快，恢复慢，一般都持续两三天才逐渐恢复平静。磁暴发生之后，磁照图呈现明显的起伏，这也是识别磁暴的标志。同一磁暴在不同经纬度的磁照图上表现得很不一样。为了看出磁暴进程，通常都需要用分布在全球不同经度的若干个中、低纬度台站的磁照图进行平均。经过平均之后的磁暴的进程称为磁暴时（以急始起算的时刻）变化，记为 Dst。

磁暴时变化大体可分为 3 个阶段。紧接磁暴急始之后，数小时之内，水平分量较其平静值大，但增大的幅度不大，一般为数十纳特，磁照图相对稳定。这段期间称为磁暴初相。然后，水平分量很快下降到极小值，下降时间约半天，其间，磁照图起伏剧烈，这是磁暴表现最活跃的时期，称为磁暴主相。通常所谓磁暴幅度或磁暴强度，即指这个极小值与平静值之差的绝对值，也称 Dst 幅度。水平分量下降到极小值之后开始回升，两三天后恢复平静，这段期间称为磁暴恢复相。磁暴的总的效果是使地面地磁场减小。这一效应一直持续到恢复相之后的两三天，称为磁暴后效。通常，一次磁暴的幅度随纬度增加而减小，表明主相的源距赤道较近。

同一磁暴，各台站的磁照图的水平分量 H 与平均形态 Dst 的差值，随台站所在地方时不同而表现出系统的分布规律。这种变化成分称为地方时变化，记为 DS。DS 反映出磁暴现象的全球非轴对称的空间特性，而不是磁暴的过程描述。它表明磁暴的源在全球范围是非轴对称分布的。

磁照图反映所有各类扰动的叠加，又是判断和研究磁暴的依据，因此实际工作中往往把所有这些局部扰动都作为一种成分，包括到磁暴中。但在建立磁暴概念时，应注意概念的独立性和排他性。磁暴应该指把局部干扰排除之后的全球性扰动。

太阳耀斑的喷出物常在其前缘形成激波，以 1000 千米/秒的速度，约经 1天，传到地球。太阳风高速流也在其前缘形成激波，激波中太阳风压力骤增。当激波扫过地球时，磁层就被突然压缩，造成磁层顶地球一侧的磁场增强。这种变化通过磁流体波传到地面，表现为地面磁场增强，就是磁暴急始。急始之后，磁层被压缩，压缩剧烈时，磁层顶可以进入同步轨道之内。与此同时磁层内的对流电场增强，使等离子体层收缩，收缩剧烈时，等离子体层顶可以近至距地面 2~3 个地球半径。如果激波之后的太阳风参数比较均匀，则急始之后的磁层保持一段相对稳定的被压缩状态，这对应磁暴初相。

磁暴期间，磁层中最具特征的现象是磁层环电流粒子增多。磁层内，磁赤道面上下 4 个地球半径之内，距离地心 2~10 个地球半径的区域内，分布有能量为几十至几十万电子伏的质子。这些质子称为环电流粒子，在地磁场中西向漂移运动形成西向环电流，或称磁层环电流，强度约 10^6 安。磁层环电流在磁层平静时也是存在的。而磁暴主相时，从磁尾等离子体片有大量低能质子注入环电流区，使环电流幅度大增。增强了的环电流在地面的磁效应就是 H 分量的下降。每注入一次质子，就造成 H 下降一次，称为一次亚暴，磁暴主相是一连串亚暴连续发生的结果。磁暴主相的幅度与环电流粒子的总能量成正比。磁暴幅度为 100 纳特时，环电流粒子能量可达 4×10^{15} 焦耳。这大约就是一次典型的磁暴中，磁层从太阳风所获得并耗散的总能量。而半径为 3 个地球半径的球面之外的地球基本磁场的总能量也只有 3×10^{16} 焦耳。可见，磁暴期间磁层扰动之剧烈。

磁层亚暴时注入的粒子向西漂移，并绕地球运动，在主相期间来不及漂移成闭合的电流环，因此这时的环电流总是非轴对称的，在黄昏一侧强些。

除主相环电流外，在主相期间发生的亚暴还对应有伯克兰电流体系。伯克兰电流体系显然是非轴对称的。它在中低纬度也会产生磁效应，只不过由于距离较远，效应较之极光带弱得多。它和主相环电流的非轴对称部分的地磁效应合在一起就是 DS 场。

由于磁层波对粒子的散射作用，以及粒子的电荷交换反应，环电流粒子会不断消失。当亚暴活动停息后，不再有粒子供给环电流，环电流强度开始减弱，进入磁暴恢复相。

所有这些空间电流，在地面产生磁场的同时，还会在导电的地壳和地幔中产生感应电流，但是感应电流引起的地磁场变化，其大小只有空间电流引起的地磁场变化的一半。

磁暴观测早已成为各地磁台站的一项常规业务。在所有空间物理观测项目中，地面磁场观测最简单可行，也易于连续和持久进行，观测点可以同时覆盖全球陆地表面。因此磁暴的地面观测是了解磁层的最基本、最有效的手段。在研究日地空间的其他现象时，往往都要参考代表磁暴活动情况的磁情指数，用以进行数据分类和相关性研究。

磁暴引起电离层暴，从而干扰短波无线电通讯；磁暴有可能干扰电工、磁工设备的运行；磁暴还有可能干扰各种磁测量工作。因此某些工业和实用部门也希望得到磁暴的预报和观测资料。

磁暴研究除了上述服务性目的之外，还有它本身的学科意义。磁暴和其他空间现象的关系，特别是磁暴与太阳风状态的关系，磁暴与磁层亚暴的关系，以及磁暴的诱发条件，供应磁暴的能量如何从太阳风进入磁层等问题，至今仍是磁层物理最活跃的课题。磁暴作为一种环境因素，与生态的关系问题也开始引起人们的注意和兴趣。

电离层暴

电离层暴，太阳局部地区扰动引起的全球大范围的电离层内 F 区状况的剧烈变化。经常伴有电离密度降低和 F 区虚高（等效反射高度）的增加，可持续数小时至数日。电离层暴发生于太阳扰动出现 1~2 天之后，持续时间由几小时至几天，这期间常伴随着磁暴和极光，会影响短波通信正常进行，甚至造成通信中断。

地磁与极光

相传公元前 2000 多年的一天，夜晚来临了。随着夕阳西沉，夜晚已将它黑色的翅膀张开在神州大地上，把远山、近树、河流和土丘以及所有的一切全都掩盖起来。一个名叫附宝的年轻女子独自坐在旷野上，她眼眉下的一湾秋水闪耀着火一般的激情，显然是被这清幽的夜晚深深地吸引住了。夜空像无边无际的大海，显得广阔、安详而又神秘。天幕上，群星闪闪烁烁，静静地俯瞰着黑魃魃的地面，突然，在大熊星座中，飘洒出一缕彩虹般的神奇光带，如烟似雾，摇曳不定，时动时静，像行云流水，最后化成一个硕大无比的光环，萦绕在北斗星的周围。其时，光环的亮度急剧增强，宛如皓月悬挂当空，向大地泻下一片淡银色的光华，映亮了整个原野。四下里万物都清晰分明，形影可见，一切都成为活生生的了。附宝见此情景，心中不禁为之一动。由此便身怀六甲，生下了个儿子。这男孩就是黄帝轩辕氏。以上所述可能是世界上关于极光的最古老神话传说之一。

在我国的古书《山海经》中也有极光的记载。书中谈到北方有个神仙，形貌如一条红色的蛇，在夜空中闪闪发光，它的名字叫触龙。关于触龙有如下一段描述："人面蛇身，赤色，身长千里，钟山之神也。"这里所指的触龙，实际上就是极光。

极光，是自然界里一种极为绚丽壮观的景象。一位到南极考察过的科学家写道："在那漫长、寒冷的极夜里，天空中会映现出瑰丽的自然美景。由黄色、红色、紫色、灰色等许多颜色编织起来的，长达数百千米的发光帷幔，由高空垂天而下，悬挂在深蓝色的天幕上。它们时而静止，时而闪动，组成了一幅幅五色斑斓、光怪陆离的图画。"

长期以来，极光的成因机理未能得到满意的解释。在相当长一段时间内，人们一直认为极光可能是由以下3种原因形成的：①极光是地球外面燃起的大火，因为北极区临近地球的边缘，所以能看到这种大火。②极光是红日西沉以后，透射反照出来的辉光。③极地冰雪丰富，它们在白天吸收阳光，贮存起来，到夜晚释放出来，便成了极光。总之，

极 光

众说纷纭，无一定论。直到20世纪60年代，将地面观测结果与卫星和火箭探测到的资料结合起来研究，才逐步形成了极光的物理性描述。

现在人们认识到，极光一方面与地球高空大气和地磁场的大规模相互作用有关，另一方面又与太阳喷发出来的高速带电粒子流有关，这种粒子流通

常称为太阳风。由此可见，形成极光必不可少的条件是大气、磁场和太阳风，缺一不可。具备这三个条件的太阳系其他行星，如木星和水星，它们的周围，也会产生极光，这已被实际观察的事实所证明。

地磁场分布在地球周围，被太阳风包裹着，形成一个棒槌状的胶体，它的科学名称叫做磁层。为了更形象化，我们打这样一个比方。可以把磁层看成一个巨大无比的电视机显像管，它将进入高空大气的太阳风粒子流汇聚成束，聚焦到地磁的极区。极区大气就是显像管的荧光屏，极光则是电视屏幕上移动的图像。但是，这里的电视屏幕却不是 18 英寸或 24 英寸，而是直径为 4000 千米的极区高空大气。通常，地面上的观众，在某个地方只能见到画面的 1/50。在电视显像管中，电子束击中电视屏幕，因为屏上涂有发光物质，会发射出光，显示成图像。同样，来自空间的电子束，打入极区高空大气层时，会激发大气中的分子和原子，导致发光，人们便见到了极光的图像显示。在电视显像管中，是 1 对电极和 1 个电磁铁作用于电子束，产生并形成一种活动的图像。在极光发生时，极光的显示和运动则是由于粒子束受到磁层中电场和磁场变化的调制造成的。

极光不仅是光学现象，而且是无线电现象，可以用雷达进行探测研究，它还会辐射出某些无线电波。有人还说，极光能发出各种各样的声音。极光不仅是科学研究的重要课题，它还直接影响到无线电通信、长电缆通信，以及长的管道和电力传送线等许多实用工程项目。极光还可以影响到气候，影响生物学过程。

人们知道极光至少已有 2000 年了，因此极光一直是许多神话的主题。在中世纪早期，不少人相信，极光是骑马奔驰越过天空的勇士。在北极地区，因纽特人认为，极光是神灵为最近死去的人照亮归天之路而创造出来的。随着科技的进步，极光的奥秘也越来越为我们所认知。原来，这美丽的景色是太阳与大气层合作表演出来的作品。

产生极光的原因是来自大气外的高能粒子（电子和质子）撞击高层大气中的原子的作用。这种相互作用常发生在地球磁极周围区域。现在所知，作为太阳风的一部分荷电粒子在到达地球附近时，被地球磁场俘获，并使其朝向磁极下落。它们与氧和氮的原子碰撞，击走电子，使之成为激发态的离子。这些离子发射不同波长的辐射，产生出红、绿或蓝等色的极光特征色彩。在太阳活动盛期，极光有时会延伸到中纬度地带。例如，在美国，南到北纬40°处还曾见过北极光。极光有发光的帷幕状、弧状、带状和射线状等形状。发光均匀的弧状极光是最稳定的外形，有时能存留几个小时而看不出明显变化。然而，大多数其他形状的极光通常总是呈现出快速的变化。弧状的和折叠状的极光的下边缘轮廓通常都比上端更明显。极光最后都朝地极方向退去，辉光射线逐渐消失在弥漫的白光天区。造成极光动态变化的机制尚未完全明了。

在太阳创造的诸如光和热等形式的能量中，有一种能量被称为"太阳风"。这是一束可以覆盖地球的强大的带电亚原子颗粒流，该太阳风在地球上空环绕地球流动，以大约400千米/秒的速度撞击地球磁场，磁场使该颗粒流偏向地磁极，从而导致带电颗粒与地球上层大气发生化学反应，形成极光。在南极地区形成的叫南极光；在北极地区同样可看到这一现象，一般称之为北极光。

极 光

大多数极光出现在地球上空90～130千米处。但有些极光要高得多。1959年，一次北极光所测得的高度是160千米，宽度超过4800千米。在地平线上的城市灯光和高层建筑可能会妨碍我们看光，所以最佳的极光景象要在乡间空旷地区才能观察得到。在加拿大的丘吉尔城，一年在有300个夜晚能见到极光；而在美国的佛罗里达州，一年平均只能见到4次左右。我国最北端的漠河，也是观看极光的好地方。

18世纪中叶，瑞典一家地球物理观象台的科学家发现，当该台观测到极光的时候，地面上罗盘的指针会出现不规则的方向变化，变化范围有1度之多。与此同时，伦敦的地磁台也记录到类似的这种现象。由此他们认为，极光的出现与地磁场的变化有关。原来，极光是太阳风与地球磁场相互作用的结果。太阳风是太阳喷射出的带电粒子，当它吹到地球上空，会受到地球磁场的作用。地球磁场形如漏斗，尖端对着地球的南北两个磁极，因此太阳发出的带电粒子沿着地磁场这个"漏斗"沉降，进入地球的两极地区。两极的高层大气，受到太阳风的轰击后会发出光芒，形成极光。高层大气是由多种气体组成的，不同元素的气体受轰击后所发出的光的颜色不一样。例如氧被激后发出绿光和红光，氮被激后发出紫色的光，氩激后发出蓝色的光，因而极光就显得绚丽多彩，变幻无穷。

科学家已经了解到，地球磁场并不是对称的。在太阳风的吹动下，它已经变成某种"流线型"。就是说朝向太阳一面的磁力线被大大压缩，相反方向却拉出一条长长的，形似彗尾的地球磁尾。磁尾的长度至少有 1000 个地球半径长。由于与日地空间行星际磁场的偶合作用，变形的地球磁场的两极外各形成一个狭窄的、磁场强度很弱的极尖区。因为等离子体具"冻结"磁力线特性，所以，太阳风粒子不能穿越地球磁场，而只能通过极尖区进入地球磁尾。当太阳活动发生剧烈变化时（如耀斑爆发），常引起地球磁层亚暴。于是这些带电粒子被加速，并沿磁力线运动，从极区向地球注入。这些带电粒子撞击高层大气中的气体分子和原子，使后者被激发——退激而发光。不同的分子、原子发生不同颜色的光，这些单色光混合在一起，就形成多姿多彩的极光。事实上，人们看到的极光，主要是带电粒子流中的电子造成的。而且，极光的颜色和强度也取决于沉降粒子的能量和数量。用一个形象比喻，可以说极光活动就像磁层活动的实况电视画面。沉降粒子为电视机的电子束，地球大气为电视屏幕，地球磁场为电子束导向磁场。科学家从这个天然大电视中得到磁层以及日地空间电磁活动的大量信息。例如，通过极光谱分析可以了解沉降粒子束来源、粒子种类、能量大小、地球磁尾的结构、地球磁场与行星磁场的相互作用，以及太阳扰乱对地球的影响方式与程度等。

极光的形成与太阳活动息息相关。逢到太阳活动极大年，可以看到比平常年更为壮观的极光景象。在许多以往看不到极光的纬度较低的地区，也能有幸看到极光。2000 年 4 月 6 日晚，在欧洲和美洲大陆的北部，出现了极光景象。在地球北半球一般看不到极光的地区，甚至在美国南部的佛罗里达州和德国的中部及南部广大地区也出现了极光。当夜，红、蓝、绿相间的光线布满夜空中，场面极为壮观。虽然这是一件难得一遇的幸事，但在往日平淡的天空突然出现了绚丽的色彩，在许多地区还造成了恐慌。据德国波鸿天文观象台台长卡明斯基说，当夜德国莱茵地区以北的警察局和天文观象台的电话不断，有的人甚至怀疑又发生毒气泄漏事件。这次极光现象被远在 160 千米高空的观测太阳的宇宙飞行器 ACE 发现，并发出了预告。在北京时间 4 月 7 日凌晨零时 30 分，宇宙飞行器 ACE 发现一股携带着强大带电粒子的太阳风从它旁边掠过，而且该太阳风突然加速，速度从 375 千米/秒提高到 600 千米/秒。1 小时后，这股太阳风到达地球大气层外缘，为我们显示了难得一见的造化神工。

翻跟头的地磁

地球的磁场并非亘古不变，它的南北磁极曾经对换过位置，即地磁的北极变化成地磁的南极，而地磁的南极变成了地磁的北极，这就是所谓的"磁极倒转"。

在地球 45 亿年的生命史中，地磁的方向已经在南北方向上反复反转了好几百次。

人们在世界各地记录当地的地磁场方向和强度；后来科学家们又发现在火山熔岩和大陆与海底的地质沉积物当中，能够找到更加久远的历史上的地磁记录。所有这些数据都告诉我们，地球磁场的空间分布非常复杂，反映了它的产生机制也非常复杂，绝不是可以简单地想象为由一根南北向的磁铁棒所发出的；而地磁场的方向与强度在漫长的历史当中随着时间而发生的变迁，也是充满了未解之谜。

地球磁极变化最激动人心的一幕是"磁极倒转"事件。在地球演化史中，"磁极倒转"事件经常发生。仅在近 450 万年里，就可以分出 4 个磁场极性不同的时期。有 2 次和现在基本一样的"正向期"，有 2 次和现在正好相反的"反向期"。而且，在每一个磁性时期里，有时还会发生短暂的磁极倒转现象。

地球磁场的这种磁极变化，同样存在于更古老的年代里。从大约 6 亿年前的前寒武纪末期，到约 5.4 亿年前的中寒武纪，是反向磁性为主的时期；从中寒武世到约 3.8 亿年前的中泥盆纪，是正向磁性为主的时期；中泥盆纪到约 0.7 亿年前的白垩纪末，还是以正向极性为主；白垩纪末至今，则是以反向极性为主。

如果把地球的历史缩短成一天，在这期间你会发现手上的指南针像疯了似地乱转，一会儿指南，一会儿指北。

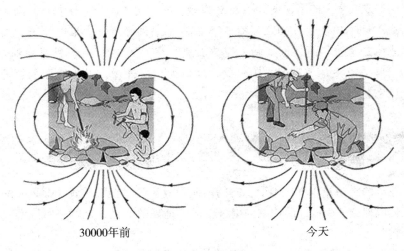

30000年前　　　　　　　　　　　　今天

磁极倒转

地球为什么有磁场？磁场又为什么会反转？

较为流行的解释是：地球是一个巨大的"发电机"。

大多数人认为，指北针当然指向北方。数千年以来，水手依靠地球磁场来导航；而鸟类和其他对磁场敏感的动物已经应用这个方法有更长一段时间了。说来奇怪，地球的磁极并不是一直都指向现在的方向。

矿物可以记录过去地球磁场的方向，人们利用这一点，发现在地球46亿年的生命史中，地磁的方向已经在南北方向上反复反转了好几百次。

不过，在最近的78万年内都没有发生过反转——这比地磁反转的平均间隔时间25万年要长了许多。更有甚者，地球的主要地磁场自从1830年首次测量至今，已经减弱了近10%。这比在失去能量来源的情况下磁场自然消退的速度大约快了20倍！下一次地磁反转即将来临吗？

一些地球物理学家认为，地球磁场变化的原因来源于地球中心的深处。地球像太阳系里的其他某些天体一样，是通过一个内部的发电机来产生自己的磁场。

从原理上，地球"发电机"和普通发电机一样工作，即由其运动部分的动能产生电流和磁场。发电机的运动部分是旋转的线圈；行星或恒星内部运动部分则发生在可导电的流体部分。在地心，有着6倍于月球体积的巨大钢铁融流海洋，构成了所谓的地球发电机。

我们探究磁场如何反转之前，需要了解是什么驱动着地球发电机。在 20 世纪 40 年代，物理学家就公认：3 个基本条件对产生任何的行星磁场是必需的，并且自那以后的其他发现都是建立在这一共识之上。

（1）第一个条件是：要有大量的导电流体——地球地心的外核是富含铁的流体。这个临界层包裹着一个几乎纯铁的固态地心内核，深埋在厚重的地幔和极薄的大陆、海洋地壳之下。距离地表的深度约 2900 千米。地壳和地幔重量带来的极大负荷，造成了地核内的平均压力是地表压力的 200 万倍。此外，地心的温度也同样极端——大约为 6000℃，和太阳表面的温度相近。

（2）这些极端的环境条件，构成了行星发电机的第二个条件：驱动流体运动的能量来源。驱动地球发电机的能量，部分是热能，部分是化学能——两者都在地心深处造成浮力。就像一锅在火炉上熬着的汤一样，地心的底部比顶部热。这意味着地心底部较热的、密度较低的铁趋向于上升，就像热汤里的水滴。当这些流体到达地心顶部时，会由于碰到上覆的地幔而丧失部分热量。于是液态铁会冷却、密度变得比周围的介质高，从而下沉。这个通过流体的上升和下降来自下而上传递热量的过程称为热对流。

曾任职于美国加州大学洛杉矶分校的 Stanislav Braginsky，在 20 世纪 60 年代指出过，热量从地心上部的外核逸出也会导致地心固态内核体积的膨胀，产生两种另外的浮力来源来驱动对流。

当液体的铁在固态内核的外部凝固成晶体时，潜在的热量——结晶热会作为副产品被释放出来。这些热量有助于增强热浮力。此外，密度较低的化合物（如硫化铁和氧化铁）被内核的结晶体排出并穿过外核上升，也会加强对流。

（3）行星要产生自维持的磁场，还需要第三个条件：旋转。地球的自转通过科里奥效应使地心内上升的流体偏转，就像我们在气象卫星影像上看到的洋流和热带风暴被科里奥效应扭曲成熟悉的漩涡状一样。在地心中，科里奥力使上涌的流体偏转，沿着螺旋形的轨迹上升，仿佛沿着松弛弹簧的螺旋状金属线运动。

地球有着一个富含铁的液态地心能够导电，有足够的能量驱动对流，有科里奥力使对流的流体偏转，这些是地球发电机能够维持它本身数十亿年的主要原因。但科学家需要更多证据来回答磁场的形成和为什么随着时间的推移会改变极性等令人迷惑的问题。

电影《后天》剧照

根据卫星测量数据外推至地心—地幔边界的地球磁场的等高线图显示大部分磁通量是在南半球穿出地心，在北半球进入地心。但是在少数特殊区域，确实出现了相反的情况。这些反向通量带在 1980～2000 年之间增长和扩张；如果它们覆盖了两极，接着就会发生极性反转。

地球磁场变化会对人类构成威胁。在电影《后天》中我们曾看到这样的镜头，群鸟迅速迁徙甚至一头撞向墙壁，大如拳头的冰雹砸向四处躲避的人群。电影为我们真实地展示了地球磁场易位对人类的危害。

如果磁极倒转……会有一段时间，地球完全没有磁场。大家担心的"地球翻转"，是不会发生的，但是仅仅"没有磁场"，就足够恐怖了。

（1）低纬度人造卫星在太阳风吹打下会被摧毁。人类通讯瘫痪。

（2）由于生物定向能力失去，导致生物大灭绝。

（3）失去地磁场保护，地球暴露在宇宙射线、太阳粒子辐射下，将会对地球气候、人类生命产生致命影响。有科学家甚至认为，存在古人类文明，由于磁极倒转覆灭了。

但是，科学家还没有悲观。他们一方面在监控，另一方面在研究。希望将来能研发出控制地球磁场的仪器。地球是我们的家园，不能随随便便放弃它。

地球诞生以来，地球磁场不但改变方向，而且经常倒转。螃蟹是一种对磁场十分敏感的动物，面对着磁场不断变化的情况，它不得不采取一种折中的办法，以不变应万变，既不向前走也不向后走，而是横着走。地球的倒转对这种老资格的动物来说，就没有什么影响了。

地质时期

地质时期，地球形成以来的漫长时期，一般以最古老的岩石记录作为开始的依据。由于目前已经发现地球上最老的地层同位素年龄值约 46 亿年左右。因此，一般以 46 亿年为界限，将地球历史分为两大阶段，46 亿年以前阶段称为天文时期或前地质时期，46 亿年以后阶段称为地质时期。

生物磁探秘
SHENGWUCI TANMI

生物磁是生物所表现出的磁现象。每个生物细胞可以看做一个微型电池，也可以看做一个微型磁极子。磁场充满了生物生存的整个空间，许多生物现象都与磁场有关。科学家发现，鸽子的头颅骨和喙部，嵌有一些细微的天然磁铁，它们像指南针一样为鸽子导航。海豚、金枪鱼、海龟、候鸟、蝴蝶甚至某些海藻体内，都有微小磁体。科学家还发现有磁性的微生物，它们体内有一个或几个质点，几乎完全是由纯磁物质构成的立方形磁性小体，使它们沿着与地磁场平行的方向运动。另外，人体也具有磁性，尤其是人的大脑，电磁场增强记忆和学习效率有着极其神秘的作用。所以说对生物磁的研究直接关系到人类生产、生活和健康，这话并不过分，而且极具有实际意义。

地磁与动物的方向感

1991 年 8 月《新民晚报》报道一条消息："上海的雨点鸽从内蒙古放飞后，历经 20 余天，返回市区鸽巢。"信鸽这种惊人的远距离辨认方向的本领，实在是令人啧啧称奇。据资料，早在古埃及第五王朝的时候（约公元前 2500 ~

前 2350 年）就有人把鸽子训练成快速而可靠的通讯工具。一直到无线电发明并得到广泛应用的第二次世界大战期间，信鸽仍在通讯战线上占有一席之地。说一个故事来做例证。1943 年 11 月 18 日，英军第 56 步兵旅要求空军轰炸德军的防御阵地，来配合步兵进攻德军。当英军飞机正要起飞时，一只名叫"格久"的军鸽及时地赶到，带来了十万火急的信件。原来英军已经冲破了德军的防线，有 1000 名士兵已经进入到德军的防御工事阵地中，要求立即撤销轰炸的命令。好样的"格久"，由于它及时传递了命令，拯救了 1000 人的生命。英国伦敦市长特授予"格久"一枚涂金勋章呢！

信 鸽

那么，信鸽究竟是靠什么来判断方向的呢？在很长的一段时间里，人们把鸽子这种高超的认路本领归结于它的眼力和记忆力。直到 20 世纪才有人想到，鸽子会不会是依赖地磁场来判别方向？后来这种设想就被实验所证实。科学家把几百只训练有素的信鸽分成 2 组。在一组信鸽的翅膀下缚了一块小磁铁，而在另一组信鸽的翅膀下缚了大小相同的铜块。然后把它们带到离鸽舍数十至数百千米的地方，逐批放飞。结果绝大部分缚铜块的信鸽飞回到鸽舍，而缚着磁铁的信鸽却全部都飞散了。原来磁铁的磁场扰乱了信鸽体内的"小罗盘"，把它们弄得晕头转向了。好像把一块磁铁靠近磁罗盘时，罗盘上的指针会偏离南、北指向一样。近年来科学家在解剖信鸽时，在信鸽的头部找到了许多具有强磁性的 Fe_3O_4 颗粒。美国麻省理工学院的法兰克尔说："这些磁性细胞排列成一定形状、一定长度，组成了对'地磁场'十分敏感的'磁罗盘'"。现在我们已经知道，除信鸽之外，一些候鸟，如食米鸟、燕鸥，它们的头部也有丰富的磁性颗粒，并依赖它们在南北球之间作长距离迁徙，从来不迷失方向。

鱼是另一类对磁场十分敏感的生物。生物学家注意到鱼类的间脑会对磁场产生感觉。当把鱼放入它完全陌生的水域里，并且尽可能排除水温、水流的干扰和影响，鱼一般都会沿着磁力线的方向游动。北美有一种鲑鱼，它辨识路径的能力是惊人的。这些鲑鱼通常在北美阿拉斯加到加利福尼亚的小溪里产卵。小鱼孵出生后，便成群结队地沿着小溪、小河游向太平洋。它们在浩瀚无际的太平洋里沿着逆时针方向环游了一个巨大的圈子之后，竟能正确无误地回到美洲，并寻找到原来的河道入口，再游经小河、小溪，最终重返故里，这真是不可思议啊！而这类鲑鱼完全是依靠灵敏的磁罗盘来导航的。一次美国科学家奎恩·汤姆在小河的岸边放了一块电磁铁，当成群的鲑鱼游过磁铁附近时，突然接通电源。奇迹出现了，这群鲑鱼游向也突然改变了 $90°$。

鲑鱼对磁场十分敏感

有兴趣的读者只要留意，可以观察到蜜蜂、苍蝇等昆虫，它们在起飞或降落的时候往往愿意取南、北方向（地磁方向）。如果你在蜂巢的四周放上几块磁铁，出外觅食的工蜂竟会找不到自己的蜂巢。如果你把磁铁放进它们巢里，可以发现蜜蜂回巢后一反常态，连舞蹈的姿势都与平时大相径庭哩！

指南鱼

指南鱼，是中国古代用于指示方位和辨别方向的一种器械。指南鱼用一块薄薄的钢片做成，形状很像一条鱼。它有两寸长、五分宽，鱼的肚皮部分凹下去一些，它像小船一样，可以浮在水面上。钢片做成的鱼没有磁性，所以没有指南的作用。如果要它指南，还必须再用人工传磁的办法，使它变成磁铁，具有磁性，就能指南北。使用指南鱼，比使用司南要方便，它不需要再做一个光滑的铜盘，只要有一碗水就可以了。盛水的碗即使放得很不平，也不会影响指南的作用，因为碗里的水面是平的。而且，由于液体的摩擦力比固体小，转动起来比较灵活，所以它比司南更灵敏，更准确。

植物的磁感觉

不单是动物，植物也会对磁场有"感觉"。加拿大的冬小麦的根部生长喜欢沿着磁场增强的方向，显示出"向磁性"。而水芹的根部却喜欢沿着磁场减弱的方向，显示出"背磁性"。

磁场对植物的生命活动会产生哪些影响呢？我们不妨先做一个试验。在一个潮湿的（温度在 $18 \sim 25$℃）玻璃暗室内，安置一个特定的架子，上边放有过滤纸，过滤纸的两端分别与放有水的容器相连，以便使过滤纸团能均匀地吸取水分。过滤纸的上面放有两类干燥的、没有发过芽的玉米种子，一类玉米种子的胚根朝着地球的北磁极。这样经过一些时间，玉米的种子就能慢慢地开始发芽。有趣的是，胚根朝向地球南磁极的那类玉米种子，要比胚根朝向地球北磁极的那类玉米种子早几昼夜发芽，并且还发现前者的根和茎，生长都比较粗壮，而后者的种子所发的芽，常常会产生弯向南磁极的形态。

为了探索其中的奥妙，有人还精心设计了一种试验设备。让种子处在强度高达4000高斯的永久磁铁中，结果有趣地发现种子的幼根仿佛在避开磁场的影响，而偏向磁场较弱的一边。

这是什么原因呢？科学工作者经过了几年的研究发现，原来植物的有机

磁场对植物有影响

体，是具有一定的磁场和极性的，并且有机体的磁场是不能对称的。一般说来，负极往往比正极强，所以植物的种子在黑暗中发芽时，不管种子的胚芽朝哪一个方向，而新芽根部是朝向南方的。

经过研究，科学工作者还发现弱磁场不但能促进细胞的分裂，而且也能促进细胞的生长，所以受恒定弱磁场刺激的植物，要比未受弱磁场刺激的根部扎得深一些。而强磁场却与此相反，它能起到阻碍植物深扎根的作用。

但任何事物并不是绝对的，有关的试验表明，当种子处在磁场中不同的位置时，如果磁场能加强它的负极，则种子的发芽就比较迅速和粗壮；相反，如果磁场能加强它的正极，则种子的发育不仅变得迟缓，而且容易患病死亡。科学工作者曾经在堪察加半岛进行这样的实验，在种植落叶松的时候，不是按通常那样彼此之间是相互平行的，而是径向种植的，各行的树朝南、东西和西南方向排列，结果有趣地发现，生长最好的是以扇形磁场东部取向的那些树苗。根据这个科研成果，在栽种落叶松时，人们采用了一种黏性纸带，在纸带上放置已按预定方向取向的种子来进行播种。

在农业科学领域内，磁场和磁化水处理农作物及其产生的磁生物效应已引起人们的关注，这方面的研究不但提供了农作物增产的新途径，也丰富

磁化技术培育的玉米

了生物磁学研究的内容，已成为生物磁学中一个十分活跃的领域。但由于其作用的复杂性和广泛性，作用的微观机理还不很清楚，应用技术还有待于大量探索和突破。

因此，进一步开展生物磁学在农作物上的应用研究，不仅在理论上有重要意义，而且在生产上也有重大的应用价值。

磁力仪

磁力仪，测量磁场强度和方向的仪器的统称。测量地磁场强度的磁力仪可分为绝对磁力仪和相对磁力仪两类。主要用途是进行磁异常数据采集以及测定岩石磁参数，从 20 世纪至今，磁力仪经历了从简单到复杂，机械原理到现代电子技术的发展过程。

细菌的磁导航

20 世纪 80 年代初，科学家发现了一种"磁性细菌"，它们生长在盐碱沼泽地的沉积泥里，总是顺着地磁场磁力线的方向向北运动。当科学家用外加磁场来影响它时，细菌就会随之改变行进的方向。麻省理工学院的理查德教授发现这种细菌体内含的磁铁成分比一般细菌高 10 倍。在电子显微镜下，细菌体内的磁性小颗粒，有规则地排成列，每一列长 0.5 微米，犹如一串珠子，行列的前端指向地磁 S 极，另一端位于鞭毛，鞭毛摆动时，细菌就向北方前进。方位很准，以致大家都叫它"活的指南针"。

这一奇特现象引起了许多研究者的关注。对这种后来称为磁性细菌或称向磁性细菌的大量的观测和研究取得了许多重要的结果。①分别在北半球的美国、南半球的新西兰和赤道附近的巴西对这种磁性细菌的观测研究表明，这种磁性细菌在北半球是沿着地球磁场方向朝北和水下游动，而在南半球却是逆着地球磁场方向朝南和水下游动，但在赤道附近则既有朝北游动的，也有朝南游动的。②由细菌体分析研究表明，在这种长条形细菌体中，沿长条

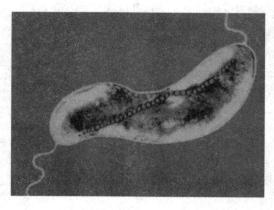

趋磁细菌

轴线排列着大约 20 颗细黑粒。这些细黑粒是直径约 50 纳米的强磁性 Fe_3O_4。③将这种细菌在不含铁的培养液中培养几代后，其后代体内便不再含有 Fe_3O_4 细粒，同时也不再具有沿地球磁场游动的向磁性了。总之，这些观察、实验和研究表明，磁性细菌所表现的沿地球磁场游动的特性是同细菌体内所含的强磁性 Fe_3O_4（也可称为铁的铁氧体）分不开的。

如果进一步再问：为什么这些强磁性铁氧体颗粒的直径总是在 50 纳米左右，而不是更粗或者更细的颗粒？为什么这些磁性细菌在地球北半球和南半球的游动方向会分别向北和向南？目前的研究是这样说明的：这种强磁性铁氧体（Fe_3O_4）颗粒在 50 纳米附近正好形成单磁畴结构，可得到最佳的强磁性。如果颗粒太粗，会形成多磁畴结构；而如果颗粒太细，又会产生超顺磁性。都会使其强磁性减弱。这种磁性细菌在地球北半球和南半球的游动方向分别向北和向南，是因为这种磁性细菌是一种厌氧性细菌，这样沿地球磁场游动都正好离开海洋表面而游向少氧的海面下，而且在这样海面下也正是养料较为丰富的区域。不过这些解释是还需要进一步的观察、实验和研究的。

这种在大约 30 亿年前已存在的细菌，具有本能测知地球磁场的特性，因此能在汪洋大海中随处遨游而不迷失方向。这些细菌在高倍率电子显微镜的镜头下，显示出一长列整齐组装的单晶磁铁颗粒，借由细菌的蛋白质联结在一起而产生一磁性偶极矩，因而能与地球的磁场感应而定出方向。

日本学者 Mrtsunaga 早在 1991 年就预计趋磁细菌的磁小体在未来的十年中将是高新技术应用中的一种新的生物资源。小尺寸的超微颗粒磁性与大块材料显著的不同，大块的纯铁矫顽力约为 80 安/米，而当颗粒尺寸减小到 2×10^{-2} 微米以下时，其矫顽力可增加 1000 倍，若进一步减小其尺寸，大约小于 6×10^{-3} 微米时，其矫顽力反而降低到零，呈现出超顺磁性。利用磁性超微颗粒具有高矫顽力的特性，已做成高贮存密度的磁记录磁粉，大量应用于磁带、磁盘、磁卡以及磁性钥匙等。利用超顺磁性，人们已将磁性超微颗粒制成用途广泛的磁性液体。同样在医疗领域，目前也普遍认为趋磁细菌有一定的实用前景，包括生产磁性定向药物或抗体，以及制造生物传感器等。

方位角

　　方位角，又称地平经度，是在平面上量度物体之间的角度差的方法之一。是从某点的指北方向线起，依顺时针方向到目标方向线之间的水平夹角。方位角调整时抛物面在水平面做左右运动。通常我们通过计算软件或在资料中得到的结果应该是以正南方向为标准，将卫星天线的指向偏东或偏西调整一个角度，该角度即是所谓的方位角。

微弱的人体磁场

　　人体磁场属于生物磁场的范畴。就人体磁场产生与测定的研究而言，它的历史并不长，大约三四十年，现处于发展过程中。由于人体的磁场信号非常微弱，又常常处于周围环境的磁场噪声中，给测定工作带来了极大的困难，这是造成此项研究迟缓的主要原因。但伴随现代科学技术的飞速发展，陆续研制出了一系列先进的测量仪器，尤其是超导量子干涉仪的研制成功，使人体磁场的研究进入高速发展时期。用微弱磁场测定法通过对人体磁场的检测，把所获人体磁场的信息应用于临床多种疾病的诊断及推进一些疑难病症的治疗中，都有重要的意义……

　　那么，人体生物磁场是如何形成的？我们认为其来源有三：①由生物电流产生。人体生命活动的氧化还原反应是不断进行的。在这些生化反应过程中，发生电子的传递，而电子的转移或离子的移动均可形成电流称为生物电流。人体脏器如心、脑、肌肉等都有规律性的生物电流流动。根据 Biot-Savart 定律，运动着的电荷会产生磁场，从这个意义上说，人体凡能产生生物电信号的部位，必定会同时产生生物磁信号。心磁场、脑磁场、神经磁场、肌磁场等都属于这一类磁场。②由生物磁性物质产生的感应场。人体活组织内某些物质具有一定的磁性，例如肝、脾内含有较多的铁质就具有磁性，它们在地磁场或其他外界磁场作用下产生感应场。③外源性磁性物质可产生剩余磁场。由于职业或环境原因，某些具有强磁性的物质如含铁尘埃、磁铁矿粉末可通过呼吸道、食道进入体内，这些物质在地磁场或外界磁场作用下被磁化，产生剩余磁场。但是，人体生物磁场强度很弱，人体生物磁场在适应宇宙的大磁场的情况下，才能维持机体组织、器官的正常生理，否则就会出现异常反应或生病。

（1）脑磁场：脑磁场非常微弱，但对这方面的研究较多，不但测出了正常人的脑磁场，而且测出了癫痫病人的脑磁场，还研究了视觉、听觉及躯体等方面的诱发脑磁场。有的研究者认为脑磁图可能有助于了解脑细胞群活动与皮层产生的特定功能之间的关系，并有可能成为诊断脑机能状态的新方法。诱发脑磁场的研究结果，将会在生理学、组织学等研究上有重要作用。

关于脑磁场的研究证明：测量脑磁图比脑电图有不少优越性。脑磁图不需要接触皮肤，不会发生由此出现的误差。另外脑磁图可以直接反应脑内磁场源的活动状态，并能确定磁场源的强度与部位。视觉诱发脑磁场、听觉诱发脑磁场与躯体诱发脑磁场具有特异性，能够分辨出组织上与机能上不同的细胞群体，而诱发脑电图则不能取得上述效果。

（2）心磁场：心磁场是最早探测到的人体磁场。心磁场随时间变化的曲线称为心磁图。心脏不停地进行舒张收缩活动，供给全身的血液，因而起到了泵的作用。心脏的收缩活动是由于心肌受到动作电位的刺激而发生的，心室肌肉发生动作电位就有电流流动，即心电流，随着心电流的流动而产生心磁场。

（3）肺磁图：肺磁图首先是由科恩于1973年探测出来的，虽然它较脑磁场迟了6年，较心磁场迟了10年，但进展较快，并且已取得了一些重要研究成果，有些国家已开始应用于临床。我国南开大学也于1981年开始了关于肺磁场的研究，并且已取得了一定的研究成果。有人预言肺磁图"很可能成为临床上广为应用的具有划时代意义的一种检查技术"。

肺磁场的产生不同于脑磁场、心磁场，它不是由于体内生物电流产生的，而是由侵入肺中的强磁性物质产生的。在某些工作环境的空气含有较多的强磁性微粒，那里工人的肺中强磁性微粒多于一般人，如电焊工人、石棉工人、钢铁工人等。进入人体肺中的强磁性微粒在地磁场与其他外加磁场的作用下被磁化，而产生剩余磁场。肺磁场的强度约为 $10^{-7} \sim 10^{-4}$ Gs，虽然肺磁场在人体磁场中是比较强的，但和地磁场、交流磁噪声相比，仍然是比较弱的。

（4）眼磁场：有作者用超导量子干涉式研究了眼球运动时产生的眼磁场分量的分布情况，并研究了光刺激产生的眼磁图。依据设想的眼电流强度与分布模型计算出来的眼磁场分布和测量的眼磁场很符合。应用眼磁图的优点是不需要接触人体皮肤就能得到较多的信息。眼磁场非常微弱，约为 $10^{-9} \sim 10^{-8}$ Gs。

视网膜磁场是由视网膜电流产生的，视网膜磁场随时间变化的曲线称为视网膜磁图，它可以用来检查眼睛的病变。

（5）肌磁场：人的骨骼肌运动时，便会产生肌电流，随着电流而产生肌肉磁场。肌磁场虽然微弱，仍可以通过仪器测出。肌磁场随时间变化的曲线称为肌磁图。

（6）穴位磁场：经过现代科学的测定发现人体的穴位也具有一定范围的磁场，而且是磁场的聚焦点，是人体电磁场的活动点和敏感点，而经络则是电磁传导的通道。

上述这些观察都说明穴位是有磁性的，并且是具有一定范围的磁场，虽然磁场强度很低，但它是客观存在的；外加磁场（不论使用磁片或是电磁疗机）均能引起穴位磁场的方向，强度发生改变，这种改变循经络传导，到达调控的器官进而引起该组织器官的一系列变化，这也是磁场作用于穴位能治疗相应疾病的一个基本原理。

（7）头发毛囊磁场：1980年美国麻省理工学院和以色列技术学院同时发现的一种生物磁现象。

前途光明的生物磁疗

科学家们发现，长期生活在几万伏至几十万伏高压输电线附近地区的人，很容易激动，容易疲劳，大脑的效率低，在青年人中患白血病和淋巴瘤的比例也比一般要高。有人将猴子放在 70000 奥斯特的强磁场中 1 小时，猴子的心率会降低。而家鼠在弱磁场的环境里生理功能也会不正常，繁殖的后代容易生肿瘤。然而许多植物如番茄等在磁场的影响下，种子会提早萌芽，提前开花结果。春蚕在这样的环境里会提前进入成熟期，所结的茧也比较大。总之，磁场对生物的影响已引起了越来越多的研究者的兴趣。

最近英国生物学家蒂克赛博士发现了人体内部传递磁信号的细节。原来人体内部存在一种"培养神经细胞"，当这类细胞置放在低频的磁场中，它合成、释放出来肾上腺激素的数量会增加，由此引起了一系列的生理反应。也有人报道在外磁场的作用下，人体内的红血球将发生旋转，从而使血管壁的侧压力降低，从而降低人体的血压。更多的专家认为磁场会影响到细胞膜上的金属离子钾、钠、钙，改变细胞的特性，使神经的兴奋性或抑制性发生改变。

时至今日，尽管我们对生命体在磁场的影响下所发生的一系列变化细节还不甚清楚，但利用磁效应来治疗疾病，则早就开始了。

生物磁疗枕

我国早在东汉的《神农本草》一书里就记载了磁石味辛寒，可治麻痹风湿、关节肿痛。除了第十一篇故事中提到过的成药"五石散"之外，我国古时候也有用磁石来治疗眼病和耳聋的记载。现行的我国药典里就收有耳聋左慈丸、紫雪散、磁珠丸等药物，它们都是以磁石为主要成分的。

在西方医学史上，磁石也很早入药，古希腊医生用它来做泻药，治疗足痛和痉挛。20 世纪以来，医学上对磁现象的应用已发展到诊断、理疗、康复保健等许多方面。西方出现了磁椅、磁床、磁帽、磁带等保健器械。20 世纪 50 年代末，我国市场上也出现了治疗高血压和神经衰弱用的磁性手镯。1956 年，日本人发明了用磁带来治疗高血压和肩周炎。近年来美国药物专家试制磁性药丸来攻击肿瘤，引起人们的关注。这是将抗癌药与药性粉末混合，外面由聚氨基酸包膜制成微粒。注入人体后，在外磁场的"引导"下，使它停留在癌肿部位的毛细血管里，病人或医生可以用体外的手表式磁场发射器来控制药物的释放，这样既能有效地杀灭癌细胞，又可以减少其他的副作用。

总之，磁疗这门新科技方兴未艾，前途无量。

磁场疗法

磁场疗法，应用磁场作用于人体以治疗疾病的方法称为磁场疗法，简称磁疗。磁场作用于人体时可以改变人体生物电流的大小和方向，产生微弱的涡电流，影响体内电子运动的方向和细胞内外离子的分布、浓度和运动速度，改变细胞膜电位，影响神经的兴奋性，改变细胞膜的通透性、细胞内外物质交换和生化过程。

探秘脑电波

人身上都有磁场，但人思考的时候，磁场会发生改变，形成一种生物电流通过磁场，而形成的东西，我们把它定位为"脑电波"。通过能量守恒，我们思考的越用力，形成的电波也就越强，于是也就能解释为什么大量的脑力劳动会导致比体力劳动更大的饥饿感。

生物电现象是生命活动的基本特征之一，各种生物均有电活动的表现，大如鲸鱼，小到细菌，都有或强或弱的生物电。其实，英文细胞（cell）一词也有电池的含义，无数的细胞就相当于一节节微型的小电池，是生物电的源泉。

人体也同样广泛地存在着生物电现象，因为人体的各个组织器官都是由细胞组成的。对脑来说，脑细胞就是脑内一个个"微小的发电站"。

我们的脑无时无刻不在产生脑电波。早在 1857 年，英国的一位青年生理科学工作者卡通在兔脑和猴脑上记录到了脑电活动，并发表了题为《脑灰质电现象的研究》的论文，但当时并没有引起重视。15 年后，贝克再一次发表脑电波的论文，才掀起研究脑电现象的热潮。直至 1924 年德国的精神病学家贝格尔才真正地记录到了人脑的脑电波，从此诞生了人的脑电图。

科学研究发现：在脑电图上，大脑可产生 4 类脑电波。当您在紧张状态下，大脑产生的是 β 波；当您感到睡意蒙胧时，脑电波就变成 θ 波；进入深睡时，变成 δ 波；当您的身体放松，大脑活跃，灵感不断的时候，就导出了 α 脑电波。

到现在为止，我们讲述的大部分内容是属于逻辑性的，是"左脑"活动。但为了利用你右脑和潜意识的惊人力量，高效学习的真正钥匙可以用两个词来概括，即放松性警觉。这种放松的心态是你每次开始学习时必须具备的。许多研究人员和教师相信，人们可以通过潜意识很好地学习大量信息。最适于潜意识的脑电波活动是以 8～12 周/秒速度进行的，那就是 α 波。英国快速学习革新家科林·罗斯说："这种脑电波以放松和沉思为特征，是你在其中幻想、施展想象力的大脑状态。它是一种放松性警觉状态，能促进灵感、加快资料收集、增强记忆。α 波让你进入潜意识，而且由于你的自我形象主要在你的潜意识之中，因而它是进入潜意识惟一有效的途径。"

人一般是怎样取得那种状态呢？数以千计的人通过每天的静心或放松性活动、特别是深呼吸来取得。但是，越来越多的教师确信，几种音乐能更快、更容易地取得这些效果。韦伯指出："某些类型的音乐节奏有助于放松身体、安抚呼吸、平静 β 波震颤，并引发极易于进行新信息学习的、舒缓的放松性警觉状态。"当然，正如电视和电台广告每天证实的那样，当音乐配以文字，许多种音乐能帮助你记住信息内容。但是研究人员现在已经发现，一些巴洛克音乐是快速提高学习的理想音乐，一部分原因是因为巴洛克音乐每分钟 60～70 拍的节奏与 α 脑电波一致。

技巧丰富的教师现在将这种音乐用作所有快速学习教学的一个重要组成部分。

但对于自学者来说，眼前的意义是显而易见的，即当你晚上想要复习学习内容时，放恰当的音乐就会极大地增强你的回忆能力。α 波也适合于开始每一次新的学习。很简单，在开始前，你当然得理清思路。将办公室的问题带到高尔夫球场上，你就打不好球，会心不在焉。学习也是如此。从高中法语课马上转上数学课，这会难于"换档"。但是花一会儿时间做做深呼吸运

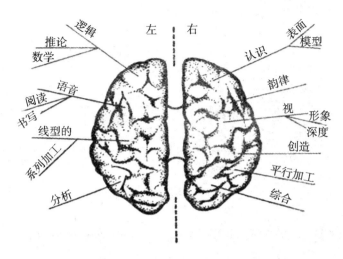

左　右

逻辑
推论
数学
语音
阅读
书写
线型的
系列加工
分析

认识
表面
模型
韵律
视
形象
深度
创造
平行加工
综合

左右半脑的功能

动，你就会开始放松。放一些轻松的音乐，闭上眼睛，想想你能想象到的最宁静的景象——你很快会进入放松性警觉状态，这一状态会更易于使信息"飘进"长期记忆之中。

因此可以说，α脑电波它可以通过冥想、放松、深呼吸等方法获得，而音乐，是效果最快、最好的导出方式。因此，在我们的训练过程中，始终辅以轻快优雅的音乐背景，既排除外界干扰，又可使大脑处于最佳学习状态，达到事半功倍的学习效果。

 **知识点**

生物磁学

生物磁学，是研究生物磁性和生物磁场的生物物理学分支。通过生物磁学研究，可以获得有关生物大分子、细胞、组织和器官结构与功能关系的信息，了解生命活动中物质运输、能量转换和信息传递过程中生物磁性的表现和作用。生物磁学研究与物理学、生物学、心理学和生理学、医学等有密切关系，并在工农业生产、医学诊断和治疗、环境保护、生物工程等方面有广阔应用前景。

磁的广泛应用
CI DE GUANGFAN YINGYONG

　　物质的磁性是指能激发磁场、并在外磁场中受到作用力的性质，是物质的一种固有属性，几乎所有物质或多或少都具有磁性，磁性材料的研究是从研究永磁体开始的，天然磁铁矿（Fe_3O_4）是人类最早发现和应用的永磁体。铁磁体由于其很强的磁性和独特的磁化性质而得到广泛应用，许多磁性材料具有特殊的效应，如磁光效应、磁力效应、磁热效应和磁共振现象等，这些特殊效应都有重要应用。在当今国民经济中，甚至可以说在社会的许多基本领域中，磁性材料都占据着关键地位，尤其是电力工业和电子工业。由于磁性材料起着能量转换的作用，因此，需要磁性材料量是巨大的。另外，在能源、交通、农业、医疗和人类日常生活消费等领域，也愈来愈显示出磁性应用的强大生命力。下面举例说明磁性材料在社会生活中的应用和应用前景。

磁与现代通讯

　　古希腊哲学家柏拉图曾以讲坛上演讲者的声音扩散范围来定义一座城市的大小。今天，由于无线电通信技术的发达，整个地球无疑都将被视为一座大城市。

无线电通信是利用无线电波在空间的传播来传递声音、文字、图像和其他信息的各种通信，是通信系统中重要的通信方式。无线电通信系统由发射部分和接收部分组成。发射部分包括发射机和发射天线，接收部分包括接收机和接收天线。利用无线电通信可以开通电报、电话、传真、广播、电视等传播业务。

无线电通讯的历史不是很久远，但在100多年的时间里发展迅猛，为现代文明做出了重要贡献。

1832年，俄国外交家希林在当时著名物理学家奥斯特电磁感应理论的启发下，制作出了用电流计指针偏转来接收信息的电报机。1837年6月，英国青年库克获得了第一个电报发明专利权。他制作的电报机首先在铁路上获得应用。1845年1月1日，这种电报机在一次追捕逃犯的过程中发挥了重要作用，因而一时间声名大振。

在19世纪众多的电报发明家中，最有名的还是莫尔斯以及他的伙伴维尔。莫尔斯是当时美国很有名气的画家。他在1832年旅欧学习途中，开始对电磁学发生了兴趣，并由此而萌发出了把电磁学理论用于电报传输的念头。

1834年，莫尔斯发明了用电流的"通"和"断"来编制代表数字和字母的电码（莫尔斯电码），同时在维尔的帮助下于1837制作成了莫尔斯电报机。

1843年，莫尔斯经竭力争取，终于获得了美国国会3万美元的资助。他用这笔款修建成了从华盛顿到巴尔的摩的电报线路，全长64.4千米。1844年5月24日，在座无虚席的国会大厦里，莫尔斯用他那激动得有些颤抖的双手，操纵他倾10余年心血研制成功的电报机，向巴尔的摩发出了人类历史上的第一份电报："上帝创造了何等奇迹！"

电报的发明，拉开了电信时代的序幕，开创了人类利用电来传递信息的历史。从此，信息传递的速度大大加快了。"嘀嗒"一响，电报便可以载带着人们所要传送的信息绕地球走上7圈半。这种速度是以往任何一种通信工具所望尘莫及的。

电报传送的是符号。发送一份电报，得先将报文译成电码，再用电报机发送出去；在收报一方，要经过相反的过程，即将收到的电码译成报文，然后，送到收报人的手里。这不仅手续麻烦，而且也不能进行即时的双向信息交流。因此，人们开始探索一种能直接传送人类声音的通信方式，这就是现在无人不晓的"电话"。

爱迪生发明的电报机

说到电话，还有一桩值得一提的趣闻。在国际电信联盟出版的《电话一百年》一书中，曾提到了一件鲜为人知的事：早在公元 968 年，中国便发明了一种叫"竹信"的东西，它被认为是今天电话的雏形。这说明，古老的中国还为近代电话的诞生做过贡献呢！而欧洲对于远距离传送声音的研究，却始于 17 世纪，比中国发明"竹信"要晚六七百年。在欧洲的研究者中，最为有名的便是英国著名的物理学家和化学家罗伯特·胡克。他首先提出了远距离传送话音的建议。1796 年，休斯提出了用话筒接力传送语音信息的办法。虽然这种方法不太切合实际，但他赐给这种通信方式的一个名字——Telephone（电话），却一直沿用至今。

在众多的电话发明家中，最有成就的要算是贝尔了。

亚历山大·格雷厄姆·贝尔，1847 年生于英国的苏格兰。他的祖父和父亲毕生都从事聋哑人的教育工作。由于家庭的影响，贝尔从小便对声学和语言学产生浓厚的兴趣。开始，他的兴趣是在研究电报上。有一次，他在做电报实验时，偶然发现一块铁片在磁铁前振动而发出微弱的音响。这个声音通过导线传到了远处。这件事给了贝尔以很大的启发。他想，如果对着铁片讲话，让铁片振动，而在铁片后面放着绕有导线的磁铁，导线中的电流就会发生时大时小的变化；变化着的电流传到对方后，又驱动电磁铁前的铁片作同样的振动，不就可以把声音从一处传到另一处了吗？这就是当年贝尔制作电话机的最初构想。贝尔发明电话机的设想得到了当时美国著名物理学家约瑟夫·亨利的鼓励。亨利对贝尔说："你有一个伟大发明的设想，干吧！"当贝尔说到自己缺乏电学知识时，亨利说："学吧！"就在这"干吧"、"学吧"的鼓舞下，贝尔开始了他发明电话的艰苦历程。

1876年3月10日，贝尔在做实验时不小心把硫酸溅到自己的腿上，他疼痛地叫了起来："沃森先生，快来帮我啊！"没有想到，这句话通过他实验中的电话，传到了在另一个房间工作的沃森先生的耳朵里。

这句极普通的话，却不料成了人类第一句通过电话传送的话音而记入史册。1876年3月10日，也被人们作为发明电话的伟大日子而加以纪念。

现代电话为了使用户满意，还大搞"横向联合"。它与电视联合，诞生了"电视电话机"；它与传真联手，出现了"电话传真机"；它引入录音装置，生产出了"录音电话机"；它与磁结合，出现了磁卡电话，等等。

贝尔

电话还正在向智能化的方向发展。一种不用拨号，只需报出对方电话号码或姓名，就能把电话接通的电话机已经问世；能够为使用不同语言的通话者担任"翻译"的翻译电话机也正在走向成熟。这一切都表明，电话变得越来越"聪明"，越来越善解人意了。

由于电话机在全世界的迅速普及，它已成为家庭和办公室的重要摆设；为了适应不同环境、不同条件下的使

贝尔在1892年对着电话说话

用，电话机也呈现了多姿多彩的形态。除了各种大众化台式电话外，还有仿古电话、米老鼠电话、一体式电话、壁挂电话等。百年电话正不断以新的姿态、新的服务功能继续赢得人们的青睐。

地磁要素

地磁要素，表示地球磁场方向和大小的物理量。地表某点的地磁场强度是个矢量，用 T 表示。研究这个矢量的参考坐标系选择如下：坐标系的原点。位于研究点；x 轴指向地理北，y 轴指向地理东；z 轴垂直向下，指向地心。在此座际系中矢量 T 在水平面的投影与 x 轴的夹角（T 的方位角），称为偏磁角（D）。矢量 T 的倾角，称为磁倾角（I）。确定某一点的磁场情况，需要三个要素，常用的是磁倾角、磁偏角和水平分量。

磁悬浮列车

在未来，汽车有可能渐渐成为不受宠爱的产品，因为它污染环境，容易堵塞交通。磁悬浮列车将成为大众高速交通的主要手段。

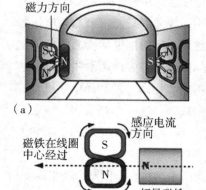

（a）

（b）

磁悬浮列车原理

传统的轮轨系列车的支撑、导向以及牵引、制动等功能都是靠轮轨之间的相互作用：车轮支撑在钢轨上，列车在横向的导向是靠轮缘与钢轨内侧之间的作用，而火车启动加速和制动减速时的作用力是靠车轮与钢轨之间的摩擦力。

而磁悬浮铁路上的磁悬浮列车，顾名思义是利用列车与轨道之间的磁力（吸力或斥力）把车体支撑在轨道上方，车体与轨道并不接触。

利用磁铁的吸力和斥力的磁悬浮列车的

区别，主要反映在轨道形式的不同。

利用吸力的磁悬浮列车，采用的是 T 形轨道；它利用由传统的车载电磁体相导轨上的铁磁轨道之间相互作用产生吸引磁力而形成悬浮力和推力，使车辆浮起，它用感应线性电动机驱动。其优点是易于通过蓄电池或感应（异步）发电机向转子提供电流，应用技术较为简单。其缺点是悬浮力较小，只能浮起大约 10 毫米的高度，因而要求高精度控制系统，一般只适用于平原地区。由德国西门子公司开发的 Transrapid 系统就是这种类型的典型。

而利用斥力的磁悬浮列车，则使用 U 形轨道。它依靠车载超导磁体和导轨线圈产生的感应电流间的相斥力而产生悬浮。这种类型的优点是强大的超导磁体所产生的电磁力足以将车身悬浮至 100 毫米的高度，其缺点是超导技术很复杂，超导磁体产生的高磁场应予以屏蔽。由于列车受轨道电磁力的作用，悬浮在空中一定高度运行，因而车体的摇晃和噪声能减轻到最低水平。目前在一些工业发达的国家，磁悬浮列车的速度可达 400～600 千米/时。在相距较近的城市之间旅行，比乘飞机还快。

与传统轮轨系统列车相比较，磁悬浮列车没有轮轨之间的摩擦阻力，也没有轮轨间的滚动噪声和振动，也没有受电弓和接触网之间的摩擦声。磁悬浮列车快速度、低噪声、无污染、运行成本少。它的出现有可能使未来的交通发生彻底的革命。

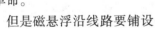
上海磁悬浮列车

但是磁悬浮沿线路要铺设大量线圈绕组，电磁悬浮列车对轨道精度要求非常高，线路建设成本也必然较高。它最大的问题是与现有的轮轨系统铁路不兼容，自成体系。与现有铁路系统之间的运输组织工作产生新的课题。

2000 年，我国引进德国技术，在上海首次建成了采用常导技术的磁悬浮列车示范线。

我国第一条磁悬浮列车示范运营线——上海磁悬浮列车，2006 年正式投入商业运营。建成后，从浦东龙阳路站到浦东国际机场，30 多千米只需六七分钟。上海磁悬浮列车是"常导磁吸型"（简称"常导型"）磁悬浮列车。它利用"异性相吸"原理设计，是一种吸力悬浮系统，利用安装在列车两侧转向架上的悬浮电磁铁，和铺设在轨道上的磁铁，在磁场作用下产生的吸力使车辆浮起来。

列车底部及两侧转向架的顶部安装电磁铁，在"工"字轨的上方和上臂部分的下方分别设反作用板和感应钢板，控制电磁铁的电流使电磁铁和轨道间保持 1 厘米的间隙，让转向架和列车间的吸引力与列车重力相互平衡，利用磁铁吸引力将列车浮起 1 厘米左右，使列车悬浮在轨道上运行。这必须精确控制电磁铁的电流。

悬浮列车的驱动和同步直线电动机原理一模一样。通俗说，在位于轨道两侧的线圈里流动的交流电，能将线圈变成电磁体，由于它与列车上的电磁体的相互作用，使列车开动。

列车头部的电磁体 N 极被安装在靠前一点的轨道上的电磁体 S 极所吸引，同时又被安装在轨道上稍后一点的电磁体 N 极所排斥。列车前进时，线圈里流动的电流方向就反过来，即原来的 S 极变成 N 极，N 极变成 S 极。循环交替，列车就向前奔驰。

稳定性由导向系统来控制。"常导型磁吸式"导向系统，是在列车侧面安装一组专门用于导向的电磁铁。列车发生左右偏移时，列车上的导向电磁铁与导向轨的侧面相互作用，产生排斥力，使车辆恢复正常位置。列车如运行在曲线或坡道上时，控制系统通过对导向磁铁中的电流进行控制，达到控制运行目的。

"常导型"磁悬浮列车的构想由德国工程师赫尔曼·肯佩尔于 1922 年提出。

"常导型"磁悬浮列车及轨道和电动机的工作原理完全相同。只是把电动机的"转子"布置在列车上，将电动机的"定子"铺设在轨道上。通过"转子"、"定子"间的相互作用，将电能转化为前进的动能。我们知道，电动机的"定子"通电时，通过电磁感应就可以推动"转子"转动。当向轨道这个"定子"输电时，通过电磁感应作用，列车就像电动机的"转子"一样被推动着做直线运动。

上海磁悬浮列车时速 430 千米，一个供电区内只能允许一辆列车运行，轨道两侧 25 米处有隔离网，上下两侧也有防护设备。转弯处半径达 8000 米，肉眼观察几乎是一条直线；最小的半径也达 1300 米。乘客不会有不适感。轨道全线两边 50 米范围内装有目前国际上最先进的隔离装置。

磁悬浮列车有许多优点：列车在铁轨上方悬浮运行，铁轨与车辆不接触，不但运行速度快，能超过 500 千米/时，而且运行平稳、舒适，易于实现自动控制；无噪音，不排出有害的废气，有利于环境保护；可节省建设经费；运营、维护和耗能费用低。它是 21 世纪理想的超级特别快车，世界各国都十分重视发展这一新型交通工具。目前，我国和日、德、英、美等国都在积极研究这种车。日本的超导磁悬浮列车已经过载人试验，即将进入实用阶段，运行时速可达 500 千米以上。

到目前可以讲，磁悬浮列车轨道技术在中国，磁悬浮列车技术仍在德国，引进产品是引进不来技术的。我国的轮轨铁路技术有近百年的历史，形成了专门从事机车设计、科研创新的产业大军，拥有数十年设计、制造、运营、维修配套的 40 多万人的产业链。磁悬浮技术掌握在少数专家、教授

德国磁悬浮控制列车撞车事故

手中，是不具备应用条件的。磁悬浮列车需要高架，高架梁的绕度必须小于 1毫米，因此，高架桥跨一般要小于 25 米，桥墩基础要深 30 米以上。因此，在上海到杭州的地面上要形成一道 200 多千米的挡墙。此外，由于运行动力学的影响，轨道两侧各 100 米内是不允许有其他建筑物的。修建沪杭磁悬浮，占地多，对环境影响比较大。

磁悬浮列车的缺点。2006 年，德国磁悬浮控制列车在试运行途中与一辆维修车相撞，报道称车上共 29 人，当场死亡 23 人，实际死亡 25 人，4 人重伤。这说明磁悬浮列车突然情况下的制动能力不可靠，不如轮轨列车。在陆地上的交通工具没有轮子是很危险的。因为列车要从动量很大降到静止，要克

服很大的惯性，只有通过轮子与轨道的制动力来克服。磁悬浮列车没有轮子，如果突然停电，靠滑动摩擦是很危险的。此外，磁悬浮列车又是高架的，发生事故时在 5 米高处救援很困难。没有轮子，拖出事故现场困难；若区间停电，其他车辆、吊机也很难靠近。

磁悬浮轴承

磁悬浮轴承，是利用磁力作用将转子悬浮于空中，使转子与定子之间没有机械接触。其原理是磁感应线与磁浮线成垂直，轴芯与磁浮线是平行的，所以转子的重量就固定在运转的轨道上，利用几乎是无负载的轴芯往反磁浮线方向顶撑，形成整个转子悬空，在固定运转轨道上。磁悬浮事实上只是一种辅助功能，并非是独立的轴承形式，具体应用还得配合其他的轴承形式。对于磁悬浮技术，国内外研究的热点是磁悬浮轴承和磁悬浮列车，而应用最广泛的是磁悬浮轴承。它无接触、无摩擦、使用寿命长、不用润滑以及高精度等特殊的优点引起世界各国科学界的特别关注，国内外学者和企业界人士都对其倾注了极大的兴趣和研究热情。

现代生活中的磁

前面在介绍电磁铁的时候我们曾经说过，我们日常生活中用到的电风扇、吸尘器、电铃、吹风机、抽水机、洗衣机等许多家用电器都是与电磁理论有着不可分割的联系。没有磁，我们的生活也就不会如此丰富多彩。

收音机

收音机用到多种磁性材料和磁性器件。例如，收音机中都要使用电声喇叭把电信号变成声音，而一般最常用的电声喇叭便是永磁式电声喇叭。收音机所收到电台发射机将声音转换成的电信号，在受到电声喇叭中永久磁铁的磁场作用而使电线圈振动发声。这样便将电台发射的已转换为电信号的声音复原了。电声喇叭中的永久磁铁的磁场在这种电—声转换中起了重要的作用。喇叭则将电线圈的振动发声放大。另外在收音机中转换高频率的电信号和低频率的电信号也都需要使用多种的高频变压器和低频变压器，这些变压器也需要使用多种的磁性材料。

为了提高收音机的灵敏度和接收距离，需要使用天线。如果利用磁性材料制成磁天线，不但可以显著减小天线的尺寸，而且还可以显著提高收音机的灵敏度。这种磁天线的性能既同天线的设计有关，又同磁性材料的磁特性有关。

收音机工作时需要使用电源。有使用电池作电源的，也有使用交流电源的。在使用交流电源时，又需要使用变压器来改变电压。变压器也需要采用磁性材料。

这样可以看出，我们使用的收音机虽然体积很小，却离不开磁性材料和用多种磁性材料制成的多种磁性器件。

电视机

电视机是我们生活中经常应用的另一种电器。磁在电视机中的应用也是相当多的。同收音机相比较，电视机不但能听到声音，而且能看到活动的图像。在彩色电视机中还能看到色彩鲜艳逼真的彩色活动图像。因此电视机要应用比收音机更多数量、更多种类和更多功能的磁性材料和磁性器件。具体说来，电视机除了也使用收音机所使用的多种磁变压器和永磁电声喇叭外，还要使用磁聚焦器、磁扫描器和磁偏转器。

电视机的结构和工作原理是很复杂的。这里只简单地介绍磁在电视机中的作用。关于电视机中的声音部分基本上同收音机相似，这里就不再介绍，而只说明同活动图像相关的磁的应用。电视机中的活动图像的放映是在显像电子管中进行的。电视台将活动图像转换成电信号后通过无线或有线传送到电视接收机（简称电视机）中，经过一定的电信号变换和处理后再传送到显像管中。在显像管中，反映活动图像的电子束经过磁聚焦器、磁扫描和磁偏转器的磁场聚集、扫描和偏转作用后投射到显像管的荧光屏上转换为光的活动图像。彩色电视机由红、绿、蓝 3 个基色信号组成彩色活动图像，因此显像管中含有 3 组电子束及它们的磁聚焦、磁扫描和磁偏转磁器件。再将 3 种基色活动图像合成彩色图像。因此，彩色电视的设备和成像过程等都更为复杂，却都是采用一定的磁场来控制电子束的运动而完成成像的。

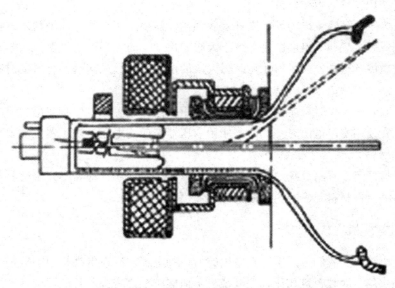

电视机显像管应用的磁聚集器和磁偏转器示意图

微波炉和电磁炉

微波炉和电磁炉都是当今厨房常见的加热器具，以其加热速度快、清洁、无污染深受用户喜爱。但两者在工作原理上有着很大不同。

顾名思义，微波炉就是用微波来煮饭烧菜的。微波是一种电磁波。这种电磁波的能量不仅比通常的无线电波大得多，而且还很有个性，微波一碰到金属就发生反射，金属根本没有办法吸收或传导它；微波可以穿过玻璃、陶瓷、塑料等绝缘材料，但不会消耗能量；而含有水分的食物，微波不但不能透过，其能量反而会被吸收。

微波炉正是利用微波的这些特性制作的。微波炉的外壳用不锈钢等金属材料制成，可以阻挡微波从炉内逃出，以免影响人们的身体健康。装食物的容器则用绝缘材料制成。微波炉的心脏是磁控管。这个叫磁控管的电子管是个微波发生器，它能产生每秒钟振动频率为 24.5 亿次的微波。这种肉眼看不见的微波，能穿透食物达 5 厘米深，并使食物中的水分子也随之运动，剧烈的运动产生了大量的热能，于是食物煮熟了。这就是微波炉加热的原理。用普通炉灶煮食物时，热量总是从食物外部逐渐进入食物内部的。而用微波炉烹饪，热量则是直接深入食物内部，所以烹饪速度比其他炉灶快 4 ~ 10 倍，热效率高达 80% 以上。目前，其他各种炉灶的热效率无法与它相比。

勒巴朗·斯宾塞

电磁炉（又名电磁灶）——是现代厨房革命的产物，是无需明火或传导式加热的无火煮食厨具，完全区别于传统所有的有火或无火传导加热厨具。

电磁炉作为现代家庭厨房电气化的新型灶具进入普通家庭。那么，电磁炉是怎样给食物加热的？

电磁炉一般由线圈、灶台板、金属锅组成。在台板下面布满了线圈，当接通照明电路的交流电时，线圈产生交流磁场，这时穿过金属锅的磁通量会发生变化，从而锅体产生感应电流——涡流。金属锅体中的涡流很强，感应电流在金属中产生明显的热效应，使锅体温度快速升高。锅体由于温度升高，分子热运动加剧，分子相互碰撞更为频繁，形成了分子间摩擦生热。这两种热直接发生在锅体金属内部，使得它的升温更为迅速。

由于电磁炉是应用电磁感应以及电流热效应进行加热工作的，所以要把锅体大的铁锅

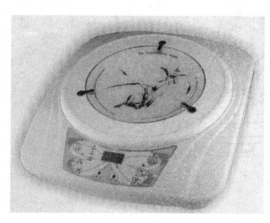

电磁炉

或搪瓷锅放在台板上，锅内放入水或食物才会受热而升温，而不可以直接使用诸如玻璃、陶瓷、砂锅类的容器加热食物，因为这些材料不会发生电磁感应现象，即无感应电流产生，不能加热。

电磁炉作为厨具市场的一种新型灶具，具有升温快、热效率高、无明火、无烟尘、无有害气体、对周围环境不产生热辐射、体积小巧、安全性好、节时省电和外观美观等优点，能完成家庭的绝大多数烹饪任务。因此，在电磁炉较普及的一些国家里，人们誉之为"烹饪之神"和"绿色炉具"。

汽　车

汽车是现代社会的一种重要交通工具。但你是否知道，新型汽车中到处都能找到磁的痕迹。一般汽车中使用的电话、收音机和电视机中都要应用到多种的磁性材料和磁性器件。在一些新型汽车中磁的应用就更加多。例如一种新型家用小汽车便使用了 32 台小型永磁电动机，它们分别应用于时钟步进电机、录音机走带机械、电子计价器步进电机、电控反光机、车高调整泵、自动车速调节泵、起动电机、可伸缩车前灯、车前灯冲洗器、水箱冷却风扇、电容器冷却风扇、活门控制、颈部防损控制、车前灯擦净器、前窗冲洗器、前部擦净器、后窗冲洗器、后部擦净器、电动车窗、油泵、汽车门锁、可调

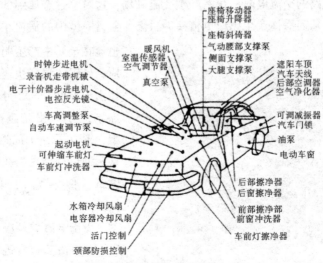

汽车中使用的各种小型永磁电动机

减振器、空气净化器、后部空调器、汽车天线、遮阳车顶、大腿支撑泵、侧面支撑泵、气动腰部支撑泵、座椅斜倚器、座椅升降器、座椅移动器、真空泵、空气调节器、室温传感器、暖风机等。

除上述的几种生活电器和工具需要使用多种磁性材料和磁性器件外，还有许多家用电器也要应用到磁。例如，电冰箱中的磁门封条和电动机，洗衣机、空调器、除尘器和电唱机中用的电动机，电门铃中用的电磁继电器，电子钟表中用的微型电动机等。可以看出，现代生活离不开磁。

磁倾角

磁倾角，地球表面任何一点的地磁场总强度矢量与水平面之间的夹角。地磁场强度方向在水平面之下的，为正磁倾角；而在水平面之上的，则为负磁倾角。将一个具有水平轴的可旋转磁针制作得内部质量完全均匀对称，使其在磁屏蔽空间中自然地保持水平。观测时使其水平轴与当地磁子午面垂直，这时磁针指北极 N 所指的方向即为地磁场总强度的矢量方向，它与水平面的夹角即为当地的磁倾角。这种磁针称为磁倾针。规定磁倾针的指北极 N 向下倾为正。一般结果是，北半球的磁倾角为正，南半球的磁倾角为负。将磁倾角为零的地点连接起来，此线称为磁倾赤道，与地球赤道比较接近。

信息领域的磁应用

前面我们曾经讲到过永磁体和软磁体。铁棒和钢棒本来不能吸引钢铁，当磁铁靠近它或与它接触时，它便有了吸引钢铁的性质，也就是被磁化了。软铁磁化后，磁性很容易消失，称为软磁性材料。而钢铁等物质在磁化后，磁性能够保持，称为硬磁性材料。硬磁性材料可做成永磁体，还可以用来记录信息。

录音机的磁带上就附有一层硬磁性材料制成的小颗粒。磁带是一种用于记录声音、图像、数字或其他信号的载有磁层的带状材料，是产量最大和用途最广的一种磁记录材料。通常是在塑料薄膜带基（支持体）上涂覆一层颗

磁　带

粒状磁性材料（如针状 $\gamma - Fe_2O_3$ 磁粉或金属磁粉）或蒸发沉积上一层磁性氧化物或合金薄膜而成。最早曾使用纸和赛璐珞等作带基，现在主要用强度高、稳定性好和不易变形的聚酯薄膜。

录音机的诞生已经 100 多年了，但是，录音机的真正流行还是在发明磁带以后。1935 年德国科学家福劳耶玛发明了磁带，在醋酸盐带基上涂上氧化铁，正式替代了钢丝。1962 年荷兰飞利浦公司发明盒式磁带录音机。

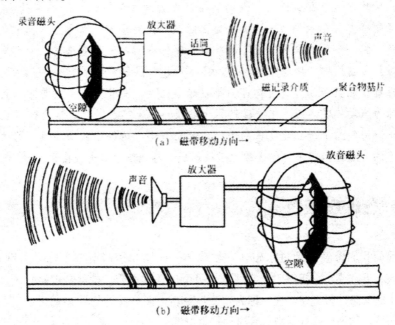

录音、放音原理示意图

上图是录音、放音原理的示意图。话筒把声音变成音频电流，放大后送到录音磁头。录音磁头实际上是个蹄形电磁铁，两极相距很近，中间只留个狭缝。整个磁头封在金属壳内。录音磁带的带基上涂着一层磁粉，实际上就是许多铁磁性小颗粒。磁带紧贴着录音磁头走过，音频电流使得录音头缝隙处磁场的强弱、方向不断变化，磁带上的磁粉也就被磁化成一个个磁极方向和磁性强弱各不相同的"小磁铁"，声音信号就这样记录在磁带上了。

放音头的结构和录音头相似。当磁带从放音头的狭缝前走过时，磁带上"小磁铁"产生的磁场穿过放音头的线圈。由于"小磁铁"的极性和磁性强弱各不相同，它在线圈内产生的磁通量也在不断变化，于是在线圈中产生感应电流，放大后就可以在扬声器中发出声音。普通录音机的录音和放音往往合用一个磁头。

磁带可以是四氧化三铁带（纯黑色）、二氧化铬带（枣红色）或者铁铬混合带、稀土带、铁氧体带等类型。用聚酯黏合剂均匀涂布在高密度聚乙烯膜（带基）上，电影带和相机胶卷用的是三醋酸纤维素片基。

录音磁头和放音磁头在录音机里根本就是一个，只是按下去的按钮不同，电路发生了改变，分别承担录放音功能。

录音时磁带先经过消音磁头（播放时它是横向蜷缩在上面的卡槽里，看不见），它可以是永久磁铁（低级录音机）、电磁铁或者高频振荡电路（高级录音机）。其中前两者都是通过磁带的磁粉的"饱和"来抹去以前的节目；而高频振荡电路才能创造出"零磁"，两种原理均能使磁带删除节目。

以播放为例，磁头中本来就有直流电通过。按下播放键，则机械传动装置和压带轴使磁带匀速通过磁头，磁带上的微粒影响了磁头的电场，获得忽强忽弱的电流。在三极管组成的桥式整流和滤波电路上得以放大；此后，还要经过后置放大器把电流传到音箱功放。

磁带正反转两面的节目为什么不一样？

这是由于磁头有 4 个空气隙，正转时利用 2 个，一个通过直流电使其工作产生恒定电场，一个通过音频输送到前置放大器；反转时通过另外 2 个，而前 2 个则不再有电流通过。同时详细观察磁带，别看磁带只有 0.4 毫米的宽度，实际上它是从带的正中间分为两部分的，分别承担正转或反转的节目，而且由于磁头的四磁间隙结构而不会相互干扰。

所以，录音机有 2 个磁头：消音磁头和录/放音磁头。话筒把声音变成音频电流，放大后送到录音磁头。

盒式磁带录音机

磁录像机是同磁录音机相似的家用电器。它们之间的主要差异是：磁录音机为声—电—磁之间的转换，而磁录像机为光—电—磁之间的转换，正像收音机与电视机之间的差异。

录音带可以把声音录下来，计算机的硬盘可以把数据记录下来，磁盘也是利用磁头的电磁铁改变磁性物质的性质而达到记录数据的效果的。

体积越来越小，容量越来越大——在如今这个信息时代，存储信息的硬盘自然而然被人们寄予了这样的期待。得益于"巨磁电阻"效应这一重大发现，最近20多年来，我们开始能够在笔记本电脑、音乐播放器等所安装的越来越小的硬盘中存储海量信息。

通常说的硬盘也被称为磁盘，这是因为在硬盘中是利用磁介质来存储信息的。一般而言，在密封的硬盘内腔中有若干个磁盘片，磁盘片的每一面都被以转轴为轴心、以一定的磁密度为间隔划分成多个磁道。每个磁道又进而被划分为若干个扇区。磁盘片的每个磁盘面都相应有一个数据读出头。

简单地说，当数据读出头"扫描"过磁盘面的各个区域时，各个区域中记录的不同磁信号就被转换成电信号，电信号的变化进而被表达为"0"和"1"，成为所有信息的原始"译码"。

伴随着信息数字化的大潮，人们开始寻求不断缩小硬盘体积，同时提

过去使用的 3.5 英寸软盘

高硬盘容量的技术。1988 年，费尔和格林贝格尔各自独立发现了"巨磁电阻"效应，也就是说，非常弱小的磁性变化就能导致巨大电阻变化的特殊效应。

这一发现解决了制造大容量小硬盘最棘手的问题：当硬盘体积不断变小，容量却不断变大时，势必要求磁盘上每一个被划分出来的独立区域越来越小，这些区域所记录的磁信号也就越来越弱。借助"巨磁电阻"效应，人们才得以制造出更加灵敏的数据读出头，使越来越弱的磁信号依然能够被

磁　盘

清晰读出，并且转换成清晰的电流变化。

1997 年，第一个基于"巨磁电阻"效应的数据读出头问世，并很快引发了硬盘的"大容量、小型化"革命。如今，笔记本电脑、音乐播放器等各类数码电子产品中所装备的硬盘，基本上都应用了"巨磁电阻"效应，这一技术已然成为新的标准。

而另外一项发明于 20 世纪 70 年代的技术，即制造不同材料的超薄层的技术，使得人们有望制造出只有几个原子厚度的薄层结构。由于数据读出头是由多层不同材料薄膜构成的结构，因而只要在"巨磁电阻"效应依然起作用的尺度范围内，科学家未来将能够进一步缩小硬盘体积，提高硬盘容量。

磁法勘探

磁法勘探，通过观测和分析由岩石、矿石或其他探测对象磁忄生差异所引起的磁异常，进而研究地质构造和矿产资源或其他探测对象的分布规律的一种地球物理勘探方法。在造岩矿物中，只有磁铁矿、钛磁铁矿、磁黄铁矿和磁赤铁矿等少数矿物具有强磁性。因此，岩石及矿石的磁性强弱，主要决定于上述矿物的含量及分布情况。

磁与军事

磁用于防卫和战争的事例早有记载。中国古书《三辅黄图》中说，秦始皇统一中国后，兴建了一座豪华的宫殿——阿房宫。为了防范刺客，阿房宫的宫门是用磁石砌成的。这样，当刺客身藏铁器进入时，就会被磁石吸住，至少也会因此被卫士发现。而到了晋朝，人们把磁石堆放在敌人必经的狭窄道路上，身披铁甲的敌兵一旦经过，便会被磁石吸引而不能行动自如，失去了作战能力。《晋书·马隆传》记载马隆率兵西进甘、陕一带，在敌人必经的狭窄道路两旁，堆放磁石。穿着铁甲的敌兵路过时，被牢牢吸住，不能动弹了。马隆下令士兵改铁甲为犀甲，从而不受磁石吸引而自由往来，敌人以为神兵，不战而退。

而在现代战争中，磁的应用更加广泛。特别是电磁武器和磁性材料在决定战争胜负方面发挥着越来越重要的作用。

电磁波是指迅速变化的电磁场在空间的传播。人类从形成之日起便生活在电磁波的汪洋大海之中。电磁波在军事上的应用异常丰富。所谓电子对抗（又称电子战）便是指敌我双方利用专门的设备、器材产生和接收处于无线电波段内的电磁波，以电磁波为武器，阻碍对方的电磁波信号的发射和接收，保证自己的发射和接收。

电磁波对人体是有害的。据说，美国有人提出设计电磁枪，该电磁枪将会"诱发癫痫病那样的症状"。另有一种所谓的"热枪"，采用的是电磁波段中的微波。热枪能够产生使人体温升高至 $40.6 \sim 41.7\,℃$ 的作战效果，让敌人不舒服、发烧甚至死亡。

1980～1983 年，一个叫埃尔登·伯德的美国人，从事海军陆战队非杀伤性电磁武器的研究。他说："我们正在研究大脑里生物电的活动和如何影响这种活动。"他发现，通过使用频率非常低的电磁辐射，可使动物处于昏迷状态。此外，他还设计了磁场的反应实验，指出："这些磁场是非常微弱的，但结果是非杀伤性的、可逆转的。我们可以使一个人暂时伤残。"

传统的火炮都是利用弹药爆炸时的瞬间膨胀产生的推力将炮弹迅速加速，推出炮膛。而电磁炮则是把炮弹放在螺线管中，给螺线管通电，那么螺线管产生的磁场对炮弹将产生巨大的推动力，将炮弹射出。这就是所谓的电磁炮。类似的还有电磁导弹等。

迄今为止，电磁武器的研制离实战要求仍有较大距离，其中最大的困难是电磁波的功率问题。由于电磁场能量随距离的增大而迅速减弱，如此能量的波束难以瞄准相应的目标，这些原因导致电磁武器的研究远远落后于声波武器和激光武器。

电磁炮发射的场景

磁性材料在军事领域同样得到了广泛应用。例如，普通的水雷或者地雷只能在接触目标时爆炸，因此作用有限。而如果在水雷或地雷上安装磁性传感器，由于坦克或者军舰都是钢铁制造的，在它们接近（无须接触目标）时，传感器就可以探测到磁场的变化使水雷或地雷爆炸，提高了杀伤力。

在现代战争中，制空权是夺得战役胜利的关键之一。但飞机在飞行过程中很容易被敌方的雷达侦测到，从而具有较大的危险性。为了躲避敌方雷达的监测，可以在飞机表面涂一层特殊的磁性材料——吸波材料，它可以吸收雷达发射的电磁波，使得雷达电磁波很少发生反射，因此敌方雷达无法探测到雷达回波，不能发现飞机，这就使飞机达到了隐身的目的。这就是大名鼎鼎的"隐形飞机"。

电磁武器

隐身技术是目前世界军事科研领域的一大热点。美国的F117隐形战斗机便是一个成功

隐形飞机

运用隐身技术的例子。在1991年海湾战争中，美军派出了42架 F－117A 隐形战斗机，出动1300余架次，投弹约2000吨，在仅占2%架次的战斗中却攻击了40%的重要战略目标，自身没有受到任何损失。随着材料技术和更新的技术的出现，隐形飞机的隐形能力会越来越强，在未来战争中的作用会越来越突出。

地磁异常

地磁异常，又称"磁力异常"。简称"磁异常"。地磁场的理论分布是有变化的，而实际上测得的地球磁场强度和理论磁场强度是有区别的，这种区别称地磁异常。一般把地磁异常按面积大小分为大陆性异常、区域性异常、局部异常。而大陆异常常作为正常磁场。在磁法勘探中，把与地质构造和矿产有关的局部磁场称为局部异常。正常磁场和磁异常是相对的。研究局部矿产的磁异常时，叠加在正常场上的区域地质构造的磁场也可以看做是正常磁场。而研究区域地质构造时，区域地质构造的磁场则成为有意义的异常。一般将高于理论地磁场的地区叫正异常，反之为负异常。

磁在现代医学中的应用

磁在医学上的应用有着悠久的历史。在西汉的《史记》（约公元前90年）中的《仓公传》便讲到齐王侍医利用5种矿物药（称为五石）治病。这5种矿物药是指磁石（Fe_3O_4）、丹砂（HgS）、雄黄（As_2O_3）、矾石（硫酸钾铝）

和曾青（$2CuCo_3$）。

随后历代都有应用磁石治病的记载。例如，在东汉的《神农本草》（约公元 2 世纪）药书中便讲到利用味道辛寒的慈（磁）石治疗风湿、肢节痛、除热和耳聋等疾病。南北朝陶弘景著的《名医别录》（公元 510 年）医药书中讲到磁石可以养肾脏、强骨气、通关节、消痈肿等。唐代著名医药学家孙思邈著的《千金方》（公元 652 年）药书中还讲到用磁石等制成的蜜丸，如经常服用可以对眼力有益。北宋何希影著的《圣惠方》（公元 1046 年）医药书中又讲到磁石可以医治儿童误吞针的伤害，这就是把枣核大的磁石，磨光钻孔穿上丝线后投入喉内，便可以把误吞的针吸出来。南宋严用和著的《济生方》（公元 1253 年）医药书中又讲到利用磁石医治听力不好的耳病，这是将一块豆大的磁石用新棉塞入耳内，再在口中含一块生铁，便可改善病耳的听力。明代著名药学家李时珍著的《本草纲目》关于医药用磁石的记述内容丰富并具总结性，对磁石形状、主治病名、药剂制法和多种应用的描述都很详细，例如磁石治疗的疾病就有耳卒聋闭、肾虚耳聋、老人耳聋、老人虚损、眼昏内障、小儿惊痫、子宫不收、大肠脱肛、金疮肠出、金疮血出、误吞针铁、丁肿热毒、诸般肿毒等 10 多种疾病。利用磁石制成的药剂有磁朱丸、紫雪散和耳聋左慈丸等。

总的说来，在各个朝代的医药书中常有用磁石治疗多种疾病的记载。

我国在 1921 年出版的《中国医学大辞典》（谢观编著）记载了利用磁石作重要原料的几种中成药，如磁石丸、磁石大味丸、磁石毛、磁石羊肾丸、磁石酒、磁石散和磁朱丸等。1935 年初版、1956 年修订的《中国药学大辞典》中详述了慈（磁）石的种类、制法、用法、主治和历代的记载考证，还列举了磁石在医药上的 10 余种应用。1963 年我国卫生部出版的《中华人民共和国药典》中列举了以磁石为重要成分的几种中成药，如耳聋左慈丸、紫雪（散）和磁朱丸等。

磁在生物学和医学方面的一项重要应用是原子核磁共振成像，简称核磁共振成像，又称核磁共振 CT（CT 是计算机化层析术的英文缩写）。这是利用核磁共振的方法和电子计算机的处理技术等来得到人体、生物体和物体内部一定剖面的一种原子核素，也即这种核素的化学元素的浓度分布图像。

核磁共振成像技术的基本原理如下：原子核带有正电，并进行自旋运动。

通常情况下，原子核自旋轴的排列是无规律的，但将其置于外加磁场中时，核自旋空间取向从无序向有序过渡。自旋系统的磁化矢量由零逐渐增长，当系统达到平衡时，磁化强度达到稳定值。如果此时核自旋系统受到外界作用，如一定频率的射频激发原子核即可引起共振效应。在射频脉冲停止后，自旋系统已激化的原子核，不能维持这种状态，将回复到磁场中原来的排列状态，同时释放出微弱的能量，成为射电信号，把这许多信号检出，并使之进行空间分辨，就得到运动中原子核分布图像。核磁共振的特点是流动液体不产生信号，称为流动效应或流动空白效应。

因此血管是灰白色管状结构，而血液为无信号的黑色。这样使血管很容易被软组织分开。正常脊髓周围有脑脊液包围，脑脊液为黑色的，并有白色的硬膜及脂肪所衬托，使脊髓显示为白色的强信号结构。核磁共振已应用于全身各系统的成像诊断。效果最佳的是颅脑及其脊髓、心脏大血管、关节骨骼、软组织及盆腔等。对心血管疾病不但可以观察各腔室、大血管及瓣膜的解剖变化，而且可作心室分析，进行定性及半定量的诊断，可作多个切面图，空间分辨率高，显示心脏及病变全貌及其与周围结构的关系。

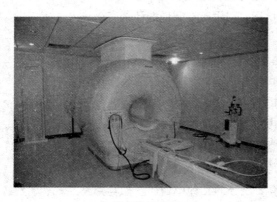

核磁共振技术

目前应用的是氢元素的原子核核磁共振层析成像。这种层析成像比目前应用的 X 射线层析成像（又称 X 射线 CT）具有更多的优点。例如，X 射线层析成像得到的是成像物的密度分布图像，而核磁共振层析成像却是成像物的原子核密度的分布图像。目前虽然还仅限于氢原子核的密度分布图像，但氢元素是构成人体和生物体的主要化学元素。因此，从核磁共振层析成像得到的氢元素分布图像，要比从 X 射线密度分布图像得到人体和生物体内的更多信息。例如，人体头部外层头骨的密度高，而内层脑组织的密度较低，因此，从人头部的 X 射线层析成像难于得到人脑组织的清晰图像。但是，从人头部的核磁共振层析成像却可以得到头内脑组织的氢原子核即氢元素分布的清晰图像，从而可以看出脑组织是否正常。又例如，对于初期肿瘤患者，其组织同正常组织尚无明显差异时，从 X 射线层析成像尚看不出异常，但从核磁共振层析成像就可看出其异常了。在核磁共振层析成像中可以检查出的脑瘤，但在 X 射线层析成像中却看不出来。目前核磁共振层析成像应用的虽然还只有氢核一种原子核素，但从科学技术发展看，可以预言将会有更多的原子核素，如碳核、氮核等的核磁共振层析成像也将进入应用。

磁不仅可以诊断，而且能够帮助治疗疾病。磁石是古老中医的一味药材。现在，人们利用血液中不同成分的磁性差别来分离红细胞和白细胞。另外，磁场与人体经络的相互作用可以实现磁疗，在治疗多种疾病方面有独到的作用，已经有磁疗枕、磁疗腰带等应用。

警惕电磁污染
JINGTI DIANCI WURAN

电磁污染是指天然和人为的各种电磁波的干扰及有害的电磁辐射。由于广播、电视、微波技术的发展，射频设备功率成倍增加，地面上的电磁辐射大幅度增加，已达到直接威胁人体健康的程度。电场和磁场的交互变化产生电磁波。电磁波向空中发射的现象，叫电磁辐射。过量的电磁辐射就造成了电磁污染。电磁污染对人体造成的潜在危害已引起人们的重视。在现代家庭中，电磁波在为人们造福的同时，也随着"电子烟雾"的作用，直接或间接地危害人体健康。

看不见的电磁杀手

随着人们生活节奏的加快和生活质量的提高，人们正在被越来越多的电子设备所笼罩。各种家用电器已经相当普及，电脑、手机几乎是人手一台，无线网络的发展也是如火如荼。人们在享受诸多方便和乐趣的同时，也开始注重电子高科技带来的负面效应：电磁辐射。

美国热播的电视剧《迷失》讲述了一架飞机坠落后幸存者在荒岛上遇到的一系列离奇事件，谜底渐渐揭开之时，观众发现原来飞机失事的始作俑者竟是巨大的电磁辐射。电视剧曲折跌宕的故事情节让公众见识了电磁辐射的威力。

其实，早在二十几年前，电磁辐射就曾"显威"：前苏联曾发生过一起震惊世界的电脑杀人案，国际象棋大师尼古拉·古德科夫与一台超级电脑对弈时，突然被电脑释放的强大电流击毙。后经一系列调查证实，杀害古德科夫的罪魁祸首是外来的电磁波——电磁波干扰了电脑中已经编好的程序，导致超级电脑动作失误而突然放出强电流。

对大多数人来说，像《迷失》中所描述的情形和古德科夫的遭遇毕竟太遥远，但身边的电磁辐射究竟如何？

从理论上来讲，电场和磁场的交互变化产生电磁波，电磁波向空中发射的现象，叫电磁辐射。过量的电磁辐射便会造成电磁污染。在这个电子产品充斥的时代，环境中的电磁辐射几乎无处不在，尤其是摆满各种家电产品的房间，电磁辐射源更多。

通常情况下，电磁辐射能干扰电视的收看，使图像不清或变形，并发出噪声；会干扰收音机和通信系统工作，使自动控制装置发生故障，使飞机导航仪表发生错误和偏差，影响地面站对人造卫星、宇宙飞船的控制。

专家指出，并非所有的电磁辐射都会伤害人体，但电磁辐射超过一定强度便会造成电磁污染，电磁污染会对人体产生负面效应，如头疼、失眠、记忆衰退、血压升高或下降、心脏出现界限性异常等。

电磁辐射对人体危害程度则随波长而异，波长愈短对人体作用愈强。有资料显示，处于中、短波频段电磁场（高频电磁场）的操作人员，经受一定强度与时间的暴露，将产生身体不适感，严重者引起神经衰弱。如心血管系统的植物神经失调，但这种作用是可逆的，脱离作用区，经过一定时间的恢复，症状可以消失，并不成为永久性损伤；处于超短波与微波电磁场中的人员，其受伤害程度要比中、短波严重。

我们身边的电磁辐射

尤其是微波的危害更甚。在其作用下，人体除将部分能量反射外，部分被吸收后产生热效应。这种热效应是由于人体组织的分子反复地极向和非极向的运动摩擦而产生的。热效应引起体内温度升高，如果过热会引起损伤，一般以微波辐射最为有害。这种危害主要的病理表现为：引起严重神经衰弱症状，最突出的是造成植物神经机能紊乱。在高强度与长时间作用下，对视觉器官造成严重损伤，同时对生育机能也有显著不良影响。

其实，多年来，人们对电磁辐射对人体的危害到底有多大一直争论不休。但是，由于研究证据的缺乏及相互对立，科学家至今也未有定论。厂商、专家以及医疗行业的相关从业人员对此问题也是各执一词，一时也很难得到一个确定的结论。一般来说，电磁辐射只要符合相关规定标准，就可以排除在电磁污染之外。但是否符合相关标准的产品产生的电磁辐射就一定对人体无害，还很难给予确定性的评价。

射 频

射频，表示可以辐射到空间的电磁频率，频率范围从 300KHz ~ 30GHz 之间。射频简称 RF 射频，就是射频电流，它是一种高频交流变化电磁波的简称。每秒变化小于 1000 次的交流电称为低频电流，大于 10000 次的称为高频电流，而射频就是这样一种高频电流。在电子学理论中，电流流过导体，导体周围会形成磁场；交变电流通过导体，导体周围会形成交变的电磁场，即电磁波。电磁波可以在空气中传播，并经大气层外缘的电离层反射，形成远距离传输能力，我们把具有远距离传输能力的高频电磁波称为射频，射频技术在无线通信领域中被广泛使用

室内电磁污染

随着各种办公、家用电器的广泛使用，电磁辐射已经无处不在。而过量的电磁辐射势必给人体健康带来危害，为各种疾病的发生埋下隐患。因此，

专家提醒，在日常生活中应该注意防辐射，尽量远离辐射过于强烈的电器和家具。

浴霸发出的强光易造成光污染，会干扰人的中枢神经功能，并可影响婴幼儿的眼睛和皮肤。专家解释，浴霸能快速升温，如长时间使用，强光很容易灼伤眼睛。大多数浴霸的4个灯泡加起来大约是1200瓦，强光很容易造成光污染。耀眼的灯光还会干扰人体大脑的中枢神经功能，让人头晕目眩、食欲下降。

因此，如果使用浴霸有不适感要马上停用。儿童不要长时间使用浴霸，光污染会影响婴幼儿的视觉功能，对婴幼儿娇嫩的皮肤也不好。使用浴霸时不要让强光直射眼睛。

说到家用电器的辐射，我们很快就会想到电脑、电视机、微波炉，而往往却忽视了体积较小的电吹风，其实它才是"辐射大王"。因为使用电吹风时，辐射离头部距离比其他电器要近，所以辐射的危害不言而喻。特别是在开启和关闭时辐射最大，且功率越大辐射也越大。

警惕室内电磁波

电吹风导致的电磁辐射可以对人体造成影响和损害。会引起人体中枢神经和精神系统的功能障碍，主要表现为头晕、疲乏无力、记忆力衰退、食欲减退、失眠、健忘等亚健康症状。因此，使用电吹风时，最好将电吹风与头部保持垂直；不要连续长时间使用，最好间断停歇。

电视机是现代家庭必备的家用电器，但电视机产生的电磁辐射不容忽视。美国伯克利大学的查尔斯沃莱齐博士和瑞士的卢格医学教授，共同主持了一项关于电视对人体伤害的研究。他们得出结论，因为荧光屏前每平方英寸存在着2万~5万伏特的静电，加上荧光屏上显像的闪光和外在光源对荧光屏照射所引起的反光，以及低频电磁辐射等，会对人体的健康机能造成较大的

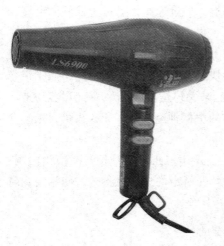

"辐射大王"电吹风

影响。

最常见的是眼睛模糊、视力衰退、头昏脑涨、背部疼痛，严重的表现为心理不平衡，脾气变得暴躁，甚至会诱发意外的疾病。尤其是少年儿童，看电视时离电视机很近，时间一长，眼睛极易出毛病。加之儿童新陈代谢的速度仅为成年人的一半，抵抗正电离子和低频电磁辐射的能力差，对身心危害更大，甚至会带着隐形因子影响下一代。

电视画面发出的是强光，而且画面越清晰，色彩越鲜艳，强光就越强。灯光或日光这一类外在光源，会在荧光屏上产生反射光，使画面受到影响，为看清画面，人们必须换个角度或姿势，久而久之，会造成斜视或不正常的坐姿。强光和反光对视觉危害很大，易使人近视、散光、斜眼或眼睛疲劳，甚至会使眼压增高。

正电离子对健康的影响也很大，不容忽视。因为电视画面是由阴极电子撞击荧光屏使之发光产生的，所以荧光屏前会有正电离子产生。在把手背靠近荧光屏时，人们会有"汗毛直竖"的感觉，这便是正电离子的作用。如果每天看电视的时间过长，无异于使人处于一个让新陈代谢受到长期、缓慢和连续影响的环境中，对中枢神经系统不利。

特别值得一提的是低频电磁辐射，更是人体的大敌。电视机在使用时会放射出不同波长的电磁波，辐射剂量大得惊人。美国医学专家指出，低频电磁辐射是造成血癌、孕妇流产、死胎、畸形儿的主要原因之一，会干扰细胞释出和吸收钙质的速度，容易造成儿童骨骼发育不正常，还能引起头痛、神经质、睡眠不安、晨起疲乏和意志消沉等。

对家用电器的电磁辐射，我们没必要谈虎色变，但采取相应的保护措施还是有必要的。

（1）注意室内办公和家用电器的设置。不要把家用电器摆放得过于集中，以免使自己暴露在超剂量辐射的危险之中。特别是一些易产生电磁波的家用电器，如收音机、电视机、电脑、冰箱等电器更不宜集中摆放在卧室里。

（2）注意使用办公和家用电器时间。各种家用电器、办公设备、移动电话等都应尽量避免长时间操作，同时尽量避免多种办公和家用电器同时启用。手机接通瞬间释放的电磁辐射最大，在使用时应尽量使头部与手机天线的距离远一些，最好使用分离耳机和话筒接听电话。

电视荧屏的辐射比较高

（3）注意人体与办公和家用电器距离。对各种电器的使用，应保持一定的安全距离。如彩电与人的距离应在4～5米，与日光灯管距离应在2～3米，微波炉在开启之后要离开至少1米远，孕妇和小孩应尽量远离微波炉。

辐射源

辐射源，能发射电离辐射的物质或装置。从广义上讲，凡能释放各种电离辐射的物质或装置（如宇宙射线）均可视为辐射源。但习惯上用于 γ 探伤、放射治疗和辐射加工等的放射性深度较高的放射源称为辐射源。辐射源大致可分为三类：放射性核素源，指天然的和人工生产的放射性核素；机器源，包括 X 射线源和粒子加速器；反应堆和中子源。

危险的手机辐射

随着现代通讯科学技术的发展与进步，手机这种现代化的移动通讯工具，正因其具有有线电话所无法比拟的便利性而受到越来越多的人喜爱，使用手机的人也越来越多。由于使用手机时须靠近对电磁辐射十分敏感的人体器官——大脑，手机的辐射到底对人体有多大危害，如何把危害的程度降到最低，成了手机用户最关心的问题。

日常生活离不开打手机

当人们使用手机时，手机会向发射基站传送无线电波，而无线电波或多或少地会被人体吸收，这些电波就是手机辐射。这些辐射有可能改变人体组织，对人体健康造成不利影响。

常用手机的人经常遇到这样的情景：电话打进或拨出的时候，边上的收音机就会有刺耳的"嗞嗞"声，这时如果把手机放在电视或电脑旁边，显示屏上的图像立即会强烈扭曲。这就是手机微波辐射的威力。

手机微波辐射对电视、电脑、电话的干扰如此明显，那么对人体（特别是大脑）有多大的危害呢？手机是一种现代通讯产品，其辐射对机体的作用机制尚待进一步研究。但医学研究表明，微波电磁辐射对机体神经系统、心血管系统、消化系统、生殖系统、眼睛、皮肤等都有一定的危害。

很多医学研究机构已经对人们提出了种种警告，国外还发生了几十起控告手机引发脑癌的诉讼案。德国医学研究人员最近的研究表明，手机辐射会使用户的血压有较大幅度的升高。另外，许多用户反映使用移动电话有头晕、头痛、失眠、皮肤瘙痒、食欲减退等不良反应。日本邮电省认为，要解除人们的不安，有必要向国民提供正确的资料。邮电省将就移动电话产生的电磁波与癌症的关系，对免疫系统、神经系统和遗传基因的影响等方面进行研究。邮电省准备用 5 年的时间在邮政省通讯综合研究所及大学的医学系进行动物试验。据报道，欧洲联盟也将进行同样的研究。韩国则表示愿意参与日本的研究。

医院里由于使用移动电话而干扰医疗设备工作，导致患者出现人身安全事故的报道也经常见诸报端。

主要有：麻醉和人工呼吸机换气改变，输液泵的传感器产生误动作，报警并停止工作注射的传感器产生误动作，报警并停止工作人工心肺装置的传感器产生误动作，报警并停止工作透析装置的传感器产生误动作，报警并停止工作氧浓缩器报警，压缩机停止工作等。

飞机拒绝"手机"恐怕已是尽人皆知了。

1997年初，中国民航总局针对民航旅客在飞机上使用电子设备日益增多的情况发出通知：在飞行中，严禁旅客在机舱内使用手机等电子设备。坐过中国民航班机的乘客也都有这样的经验：飞机未起飞时、飞行中、降落前广播都会告诫乘客不要使用移动电话。这个通知太重要了，它不仅关系到飞机的安全，也直接关系到数十人乃至数百人的生命财产安全，这绝不是危言耸听！

移动电话是高频无线通信，其辐射频率多在800兆赫以上，而飞机上的导航系统又最怕高频干扰，飞行中若有人用移动电话，就极有可能导致飞机的电子控制系统出现误动，使飞机失控，发生重大事故。这样的惨痛教训已屡见不鲜。

1991年，英国劳达航空公司的那次触目惊心的空难至今令人难忘，有223人死于这次空难。据有关部门分析，这次空难极有可能是机上有人使用笔记本电脑、移动电话等便携式电子设备，它释放的频率信号启动了飞机的反向推动器致使机毁人亡。

1996年10月，巴西TAM航空公司的一架"霍克–100"飞机也莫名其妙地坠毁了，机上人员全部遇难，甚至地面上的市民也有数名惨遭不幸，这是历史上又一次空难事件。专家们调查事故原因后认为，机上有乘客使用移动电话极有可能是造成飞机坠毁的元凶。也就是源于这次空难，巴西空军部民航局研拟了一项关于严格限制旅客在飞行时使用移动电话的法案。

1998年初，台湾华航一班机坠毁，参与调查的法国专家怀疑有人在飞机坠毁前打移动电话，导致通信受到干扰，致使飞机与控制塔失去联络最后坠毁。

我国环境电磁辐射卫生标准中规定移动电话频段的一级卫生标准为10微瓦，二级卫生标准为40微瓦，而目前我国使用的移动电话多数是进口或合资生产的，其一般发射功率在0.6瓦左右，有的可达到2瓦。有关权威部门对

加油站的禁打手机标志

在我国使用的部分移动电话电磁辐射测试结果表明，在距天线 3 厘米处，射频电话电磁辐射强度可达 1100 ~ 2800 微瓦，大大超过了我国的标准。在我国进行的职业人群微波电磁辐射健康影响调查时发现，接触微波的职业人群神经症状（如头晕、记忆力减退、乏力、多梦、失眠等）发生率，较不接触人群明显增加。

由于手机是新兴的现代通讯工具，科研相对比较滞后，目前对人体影响尚无统一的标准，但专家和有关部门呼吁，不能等研究出结果再预防，应该预防与研制并举。科学家们应用科学技术的手段，化害为利，把危害降到最低限度，使手机更好地为人类服务。

目前，手机防护主要有"屏蔽防护"和"距离防护"两种。前者用良导体或导电性能较好的非金属材料组成屏蔽，如 U 形防辐射天线、屏蔽帽等；距离防护主要是环境中电磁辐射强度随距离增大迅速衰减，通过加大发射天线与头部的距离，可起到一定的保护作用，如利用耳机、麦克风与主机间的导线，使发射天线远离头部。手机会对人的中枢神经系统造成机能性障碍，引起头痛、头昏、失眠、多梦和脱发等症状，有的人面部还会有刺激感。有关研究报告指出，长期使用手机的人患脑瘤的机会比不用的人高出 30%。因此，人们在接电话时最好先把手机拿到离身体较远的距离接通，然后再放到耳边通话。此外，尽量不要用手机聊天，睡觉时也注意不要把手机放在枕头边。

许多女孩子喜欢把手机挂在胸前，但是研究表明，手机挂在胸前，会对心脏和内分泌系统产生一定影响。心脏功能不全、心律不齐的人尤其要注意不能把手机挂在胸前。有专家认为，电磁辐射还会影响内分泌功能，导致女性月经失调。另外，电磁波辐射还会影响正常的细胞代谢，造成体内钾、钙、钠等金属离子紊乱。

有医学专家指出，手机若常挂在人体的腰部或腹部旁，其收发信号时产生的电磁波将辐射到人体内的精子或卵子，这可能会影响使用者的生育机能。专家建议手机使用者尽量让手机远离腰、腹部，不要将手机挂在腰上或放在大衣口袋里。

热辐射

热辐射，物体由于具有温度而辐射电磁波的现象，是热量传递的 3 种方式之一。一切温度高于绝对零度的物体都能产生热辐射，温度愈高、辐射出的总能量就愈大，短波成分也愈多。热辐射的光谱是连续谱，波长覆盖范围理论上可从 0 直至 ∞，一般的热辐射主要靠波长较长的可见光和红外线传播。由于电磁波的传播无需任何介质，所以热辐射是在真空中惟一的传热方式。

预防电脑辐射

电脑，作为一种现代高科技的产物和电器设备，在给人们的生活和工作带来更多便利、高效与欢乐的同时，也存在着一些有害于人类健康的不利因素。

电脑对人类健康的隐患，从辐射类型来看，主要包括电脑在工作时产生和发出的电磁辐射（各种电磁射线和电磁波等）、声（噪音）、光（紫外线、红外线辐射以及可见光等）等多种辐射"污染"。

从辐射来源看，它们包括 CRT 显示器辐射源、机箱辐射源以及音箱、打印机、复印机等周边设备辐射源。其中 CRT（阴极射线管）显示器的成像原理，决定了它在使用过程中难以完全消除有害辐射。因为它在工作时，其内部的高频电子枪、偏转线圈、高压包以及周边电路，会产生诸如电离辐射（低能 X 射线）、非电离辐射（低频、高频辐射）、静电电场、光辐射（包括紫外线、红外线辐射和可见光等）等多种射线及电磁波。而液晶显示器则是利用液晶的物理特性，其工作原理与 CRT 显示器完全不同，天生就是无辐射

（可忽略不计）、环保的"健康"型显示器；机箱内部的各种部件，包括高频率、功耗大的 CPU，带有内部集成大量晶体管的主芯片的各个板卡，带有高速直流伺服电机的光驱、软驱和硬盘，若干个散热风扇以及电源内部的变压器等等，工作时则会发出低频电磁波等辐射和噪音干扰。另外，外置音箱、复印机等周边设备辐射源也是一个不容忽视的"源头"。

电脑辐射

从危害程度来看，无疑以电磁辐射的危害最大。

对于电脑的电磁辐射的危害，目前可采取主动防护和被动防护两种方法。①被动防护法，就是除了改善工作环境和注意使用方法外，采取给经常接触和操作电脑的人员配备防辐射服、防辐射屏、防辐射窗帘、防辐射玻璃等措施，以减少或杜绝电磁辐射的伤害；②主动防护法，则是从电脑电磁辐射的"源头"——显示器和机箱等部件下手，将其消灭或屏蔽。根据对电脑配件的测试结果表明，液晶显示屏的辐射很小，CRT 显示器略大一些，但都在安全范围；主机后面、侧面辐射较大，建议用户不要为了散热方便，敞开机箱使用；低音炮音箱辐射严重，使用时至少保持半米距离；笔记本辐射集中在键盘上方，使用笔记本时应与电源适配器保持远一点的距离。另外普通键盘、鼠标以及无线网关、打印机、数码相机和 MP4 电源辐射都不大，可放心使用。但无线键盘、无线鼠标辐射较大。

电脑的摆放位置很重要。尽量别让屏幕的背面朝着有人的地方，因为电脑辐射最强的是背面，其次为左右两侧，屏幕的正面反而辐射最弱。以能看清楚字为准，至少也要 50～75 厘米的距离，这样可以减少电磁辐射的伤害。

此外还要注意室内通风。科学研究证实，电脑的荧屏能产生一种叫溴化二苯并呋喃的致癌物质。所以，放置电脑的房间最好能安装换气扇，倘若没有，上网时尤其要注意通风。

电脑辐射不仅危害人的健康，而且影响到工作的质量和效率。对于生活紧张而忙碌的人群来说，抵御电脑辐射最简单的办法就是在每天上午喝 2～3 杯的绿茶，吃 1 个橘子。茶叶中含有丰富的维生素 A 原，它被人体吸收后，能迅速转化为维生素 A。维生素 A 不但能合成视紫红质，还能使眼睛在暗光下看东西更清楚，因此，绿茶不但能消除电脑辐射的危害，还能保护和提高视力。如果不习惯喝绿茶，菊花茶同样也能起着抵抗电脑辐射和调节身体功能的作用。

尽管电磁辐射无时不在、无处不在，但只要掌握足够的辐射知识和计算机的正确使用方法，我们完全不用为其电磁辐射感到恐慌。

辐射斑

辐射斑，长期面对电脑，电脑辐射导致脸上色素沉积而形成的色斑。也叫电脑辐射斑。电脑辐射斑是近来新出现的护肤名词，信息时代，人们享受着电脑带来的高效、便捷，但同时我们的皮肤也在遭受着电脑的无声侵害，大大小小的电脑辐射斑、皮肤干燥有细纹、肤色变黄、毛孔变粗、小痘痘外冒、眼睛干涩、黑眼圈形成并不断加重。

小心微波

前面我们曾经提到过"神通广大"的微波。自 19 世纪中叶物理学家麦克斯韦、赫兹等人提出并证实了电磁场有关理论后，人类开始了对电磁波造福人类的应用研究，无线电通讯应运而生，并从军事走向民用。直到 20 世纪 30 年代，人们才发现经常接触微波的人群中，出现有失眠、头痛、乏力、心悸、记忆力减退、毛发脱落及白内障等症候群。经研究才知一定强度的微波辐射会对人体造成不良影响。50 年代各国相继建立了安全标准，但那时被认为有问题的仅是显而易见的微波热效应。

70 年代以来，从相继发表的研究报告表明，低强度微波的非热作用对人体引起的不良影响，更是当今社会的一大公害。微波的非热效应，是指电子在生物体内细胞的分子中间移动，扰乱了生物体的电反应而引起的作用，或者说人体在反复接触低强度微波照射后，温度虽无上升，但造成机体健康的损害。实验和病理学调查发现，这种非热作用对人体的健康影响比较广泛，能引起神经、生殖、心血管、免疫功能及眼睛等方面的改变。长期低强度射频电磁辐射非致热效应，对动物神经、内分泌、膜通透性、离子水平等都有影响，也有报告认为能引起DNA（脱氧核糖核酸）损伤、染色体畸变等。

低强度微波对人体的危害主要表现在以下几个方面：

（1）中枢神经系统的影响。主要表现为神经衰弱症候群，其症状主要有头痛、头晕、记忆力减退、注意力不集中、睡眠质量降低、抑郁、烦躁等。实验发现微波辐射能使大鼠脑组织耗氧率减慢一半，反映大鼠脑组织氧代谢能力减弱，耗氧能力下降。从实验能观察到小鼠下丘脑的超微结构改变，线粒体变化明显。出现线粒体肿胀、融合和变形；脊缺损、断裂及空化等，主要表现为线粒体结构受损。部分脑区脑电总量降低，脑电峰值能量明显下降。下丘脑海马琥珀酸脱氢酶含量明显下降。国外有学者也指出，脑的呼吸链和氧化磷酸化对电磁波辐射是很敏感的指标。较低强度微波辐射对下丘脑超微结构的改变，结果在神经元未显示粗面内质网等细胞器形态改变前，首先表现线粒体膜的轻度不完整。

（2）微波对眼的影响。有关微波对眼部的损害，无论是职业接触人群流

微波辐射影响视力

行病学调查还是动物试验方面，国内外均已有大量的报道。一般认为，因晶状体本身无血管组织，故成为微波造成热损伤的敏感部位。长期在低强度微波环境中工作，也可使眼晶状体混浊、致密、空泡变性，且与接触时间成正比例。有学者认为，低强度微波致眼损伤的机理可能是微波的长期蓄积作用、非致热作用或联合作用所致，也有学者认为微波使晶体渗透压改变，房水渗入晶体，抑制其核糖核酸合成而致晶体混浊等，加速晶体老

化和视网膜病变，而对视力、眼晶状体损伤、眼部症状（如干燥、易疲劳）有显著影响。

（3）对循环系统的影响。低强度微波辐照对循环系统的影响国内已有大量的报道，且结果大致相同，主要表现为心悸、心前区疼痛、胸闷等症状及心电图异常率增加、窦性心动过缓加不齐、心脏束枝传导阻滞等，另外血压、血象、脑血流、微循环也会有不同程度地改变。微波对心血管系统的影响，主要是因为微波辐照引起自主神经系统功能紊乱，以副交感神经兴奋为主，即使在低场强的情况下，这种影响仍然存在。而微波对脑血流的影响说明其所形成的电磁场可影响脑部血循环及血管功能，脑部经微波照射后，血管扩张、血流量增加、弹性血管管壁张力减低，血管紧张度增高，所以导致了脑血流图的一系列变化。

（4）对免疫功能的影响。主要是抑制抗体形成，使机体免疫功能下降。微波的免疫效应与功率密度和暴露时间有关。功率密度较大时，短期暴露可刺激机体的免疫机能，长期暴露则抑制免疫；功率密度较低时，产生免疫刺激则需较长时间的暴露。另外，微波对机体免疫功能的影响还表现出累积效应。

（5）对生殖机能的影响。国外有学者指出，用低功率的微波辐射怀孕大鼠，会导致小鼠出生后小脑浦肯野细胞的减少。此后，有不少学者以子代脑的形态和行为作指标，观察了微波辐射怀孕动物的致畸效应。也有对孕鼠辐射导致后代脑 AChE 活性下降的报道。国内也有许多非致热效应微波引起机体生殖系统危害的报道。低强度微波辐照的非热效应能影响精子细胞。实验发现 5 毫瓦/平方厘米微波辐照对人精子的活动度、存活率及穿卵率影响显著。微波辐照附睾或睾丸可导致雄性生殖细胞内多种酶活性的改变。有研究观察了微波照射男性志愿者睾丸，发现血清睾酮含量随照射时间的延长而显著降低，同时，黄体生成素显著上升，提示微波可损害睾丸间质细胞合成睾丸酮的功能。另一项研究也发现雷达作业人员血清 17 羟 – 皮质醇和睾丸酮含量异常率高。

（5）对遗传方面的影响。新的研究还表明：微波会以别的方式影响生物细胞，破坏含有遗传信息的生物分子脱氧核糖核酸（DNA），破坏染色体结构。

对微波的防护注意以下几点：

（1）微波辐射能吸收：调试微波机时，需安装功率吸收天线（如等效天线）吸收微波能量，使其不向空间发射。需要在屏蔽小室内调试微波机时，小室内四周上下各面均应敷设微波吸收材料。

（2）合理配置工作位置：根据微波发射有方向性的特点，工作点应置于辐射强度最小的部位，尽量避免在辐射束的正前方进行工作。

（3）个体防护用品：一时难以采取其他有效防护措施，短时间作业可穿戴防微波专用的防护衣帽和防护眼镜。

（4）健康检查：一两年健康检查一次，重点观察眼晶状体的变化，其次为心血管系统、外周血象及男性生殖功能。

（5）卫生标准：我国微波辐射卫生标准（GB10436－89）规定，作业场所微波辐射的容许接触限值：连续波，平均功率密度 50 微瓦/平方厘米，日接触剂量 400 微瓦时/平方厘米；脉冲波非固定辐射，平均功率密度 50 微瓦/平方厘米，日接触剂量 400 微瓦时/平方厘米；脉冲波固定辐射，平均功率密度 25 微瓦/平方厘米，日接触剂量 200 微瓦时/平方厘米。

不过人们不必对辐射过于恐惧，因为辐射不属于强致癌因素，不会引起"特殊癌"，只是使癌的发生率有所提高。据对现有资料统计分析，只有 4% 的肿瘤是电离辐射造成的，而且辐射危害是可以预防的，辐射造成的损伤也是可以治疗的。

地磁与健康

人类赖以生存的地球，是一个硕大无比的磁场，南北两极为它的中心，所发出的磁力，使得地面磁场的平均强度达到 0.5 高斯/平方米。正是由于这种天然的磁场生物圈环境，才对人类的生长、繁殖和健康产生重大影响。地磁磁场总强度降低时，人类的性成熟相应要加快，而身高增长则略微减慢，例如巴西里约热内卢出生的小孩比起美国同时出生的小孩要矮一些。

地球上磁场总强度最低值，恰好在南美洲范围内，而非洲地磁场总强度较高，因而中非卢旺达男子的身高，超过欧洲男子。人类如果长期顺地磁方向生活，可使体内各个系统、器官和细胞有序化，从而产生生物磁化效应，使各器官机能得到协调和恢复。人类的一些疾病，如高血压、心脏病、中风等，均与地磁场指数的月平均值紧密相关。地磁异常区发病率较高。如俄罗斯库尔斯克地区磁铁矿引起的局部磁异常区内，高血压发病率比正常磁场区高 125% ~ 160%。我国黄河流域以北位于东亚大陆磁异常区的一些地方，冠心病的发病率也明显高于南方。

近年来，科学家研究发现，某些顽固性头疼、失眠、关节痛等症状的出现与现代生活中地磁减弱有着密切的关系。现代社会里，越来越多的人工作和生活在高楼大厦内，加上汽车穿梭，电线、管道如网，扰乱了大自然磁场，造成人体磁力不足，由此，便出现了各种自律精神失调症状。

因此，现代人应补充磁力，调整体内磁平衡。有条件的可长饮磁化水，以给细胞充磁；也可在饮食中补充各种矿物质。同时加强体育锻炼，这是由于电解质是产生生物电磁不可缺少的物资，体育运动是促进剂，推动肌体产生生物电磁，然后通过自身调节，达到磁平衡。

另外，有研究称睡眠应当采取头北脚南的方向。

原因在于地球磁场是南北方向，磁场具有吸引铁、钴、镍的作用。人体血液也含有这三种元素。在东北广大农村，由于火炕的位置与平房一致，多数人家又是北面炕，所以睡的方向与地球磁场的方向相同。然而，城市楼房卧室的床位方向，恰好与上相反。南北向睡眠能促进地球磁场吸引铁、钴、镍，而东西向睡眠不仅不利于磁场的吸引，而且还改变这三种元素在人体内的分布。当这三种元素分布改变时，则影响其生理作用，还会出现功能障碍。此外，南北向睡眠，使人体内的生物电流方向与地球磁场方向平行，在地球磁场的作用下，气血运行畅通，能量减少，早晨醒来，感到精力充沛。当仰卧睡眠时，面部肌肉保持松弛状态，使面部皱纹逐渐消失。相反，若俯卧睡眠，面部、胸部和腹部都受到挤压，影响呼吸和局部血液循环，使面部臃肿。

在太阳活动高峰年应注意睡眠保健。

太阳活动的结果，表面黑子增多，向外喷射高能带电粒子流和强电磁波，使地磁场的活动更剧烈。除此之外，太阳的物理辐射（有害的紫外线辐射和 X 射线辐射）也更加剧烈。这种有害的射线来源于地核深处，穿透力极强，可轻而易举地穿透地面、水泥板。若辐射焦点正好辐射到人体，而人体会受害而发生一些怪病。因此，当人体感到不适时，又出现某些不明原因的病症，

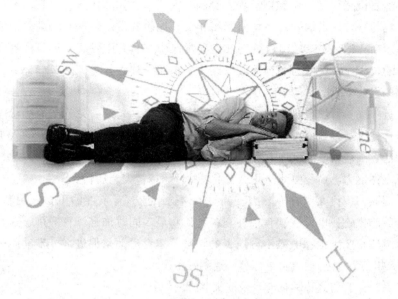

睡眠方位很重要

应立即采取措施——移动床位，以避开辐射焦点。

微波管

微波管，工作在微波波段的真空电子器件。电磁波谱中的微波波段通常指频率在 300 兆赫到 3000 吉赫，对应波长在 1 米～0.1 毫米之间的电磁波。在第二次世界大战期间微波雷达出现后，微波管迅速得到大量应用。20 世纪50 年代以来，它的应用已迅速扩展到微波中继通信、卫星通信、电视广播、导航、能量传输、工业和民用加热、科学研究等方面。